萨摩耶犬

的赏玩与训练

SAMOYEQUAN
DE SHANGWAN YU XUNLIAN

主　　编　唐芳索
副 主 编　陈方良　张　娜
参编人员　杨思军　杨　楠　修福晓　马金成　李玉森　肖井宇

山西出版传媒集团
山西科学技术出版社

图书在版编目（CIP）数据

萨摩耶犬的赏玩与训练/唐芳索主编. —太原：
山西科学技术出版社,2017. 6
ISBN 978 - 7 - 5377 - 5520 - 7

Ⅰ. ①萨… Ⅱ. ①唐… Ⅲ. ①犬—驯养 Ⅳ. ①S829. 2

中国版本图书馆 CIP 数据核字（2017）第 044123 号

萨摩耶犬的赏玩与训练

出 版 人：赵建伟
主　　 编：唐芳索
责 任 编 辑：杨丙德
责 任 发 行：阎文凯
封 面 设 计：吕雁军

出 版 发 行：山西出版传媒集团·山西科学技术出版社
　　　　　　地址：太原市建设南路 21 号　邮编：030012
编 辑 部 电 话：0351 - 4956118
发 行 电 话：0351 - 4922121
经　　 销：各地新华书店
印　　 刷：山西人民印刷有限责任公司
网　　 址：www. sxkxjscbs. com
微　　 信：sxkjcbs

开　　 本：720mm × 1010mm　　1/16　印张：9. 25
字　　 数：150 千字
版　　 次：2017 年 6 月第 1 版　　2017 年 6 月山西第 1 次印刷
印　　 数：1 - 3000 册

书　　 号：ISBN 978 - 7 - 5377 - 5520 - 7
定　　 价：24. 00 元

本社常年法律顾问：王葆柯
如发现印、装质量问题，影响阅读，请与印刷厂联系调换。

前　言

　　萨摩耶犬属于犬种中最亮丽的绒毛犬种，外观美丽，举止优雅，身强体壮，具有忍耐力，往往成为养犬爱好者的首选。它不仅流行于我国大陆，而且风靡于欧美，如果你第一次见到萨摩耶犬，一定会被它那惊人美丽的外表所折服，陶醉在它那著名的"萨摩耶式微笑"之中。因为萨摩耶犬绝对是只用笑容就能打动你的狗狗，能使你体会到一种让极地冰雪也能融化的温暖。

　　作为养犬爱好者，萨摩耶犬的饲养者们经常不但从医学角度向我们咨询意见，他们更关注的是如何选择小犬和对犬进行训练，或者纠正犬的不良行为，以便使他们的爱犬成为"懂礼貌"、"知礼节"、"显风度"的"生活伴侣"。因此，本着"必需"和"实用"的原则，我们尽力帮助养犬者了解掌握选择和饲养萨摩耶犬的知识，针对犬的服从性和不良习惯，提出一些实用的训练方法和解决对策。另外，我们还就如何预防犬生病以及辨别常见疾病提出建议，希望有助于解决养犬者最担心和最关注的问题。

　　本书训练图片由辽宁诚信工作犬培训学校职业驯犬师杨思军协助拍摄，部分犬只图片由沈阳爱信犬业提供，在此一并感谢。

　　在编写本书的过程中，尽管多方查找资料，借鉴了许多国内外最新的研究成果，但由于时间仓促，加之作者水平有限，书中难免有不妥之处，恳请广大读者批评指正。

编者

2015. 12

目 录

第一章 萨摩耶犬的起源与特点

一、萨摩耶犬的起源

　　萨摩耶犬，是由许多世纪以前定居在中北西伯利亚的游牧民族——萨摩耶部落发展起来的。借助着北极地带冰雪天然屏障的庇护，经过几个世纪的洗礼，萨摩耶犬一直保持着纯正的血统，从而在所有现代犬种中成为最接近犬类原始祖先的品种之一。

　　许多年来，关于萨摩耶犬的历史和传说如同这种犬一样引人入胜。故事开始于伊朗高原，人类最早的居住地，强大的部落将弱小的部落连同他们的家庭、牲畜和犬，都赶到很远的地方。被赶走的部落一直向北走，穿过中国（那时的世界文化中心），来到白海和叶塞尼河之间的广阔冻土带。他们发现在冰雪这种天然屏障保护下很安全。这些人就是萨摩耶人。在这里，他们一直过着游牧生活，放牧驯鹿。萨摩耶人饲养犬来帮助他们放牧驯鹿和拉雪橇，也让犬和他们做伴，这种犬就是萨摩耶犬。

　　萨摩耶犬繁育事业的创始者是英国的 Emest Kilburn Scott 夫妇，他们也是把第一只萨摩耶犬带出极地大陆冰天雪地第一人。他们经过不懈努力从不同的渠道获得了萨摩耶犬，由此造就了现代萨摩耶犬的核心。另外，Ernest Kilburn Scott 先生还做出了另一伟大的贡献，他成为第一个拟定萨摩耶犬标准的人，这个标准至今只被修改了一小部分。在被带入英国不到 100 年的时间里，萨摩耶犬在每次犬展中都是大家关注的焦点。

　　从第一只萨摩耶犬被引入英国开始，欧洲、美国、加拿大、澳大利亚的爱好者纷纷被这种"微笑"的白色犬所吸引，开始不断从英国引进繁殖犬。这些国家的萨摩耶犬标准都是源自英国标准，而后做了一些微小的修改。但是受第二次世界大战的影响，西方国家繁殖者的交流被打断了一段时间，直到二战结束以后才有所恢复。目前包括我国在内的世界各地都有萨摩耶犬。

二、萨摩耶犬的特点

（一）容貌娇美

萨摩耶犬有着非常引人注目的外表——雪白的被毛、微笑的脸和黑色的眼睛，是现在犬中最漂亮的一种。不同生命阶段的萨摩耶犬都会给人不同感觉的惊艳。幼龄时的萨摩耶犬被毛雪白，毛茸茸的，再配上黑亮的眼珠，就像小浣熊，看起来十分可爱又讨人喜欢。而成年时的萨摩耶犬又会有令人耳目一新的英姿，全身上下都充满了活力。特别值得一提的当然是著名的"萨摩耶式的微笑"。萨摩耶犬绝对是只用笑容就能打动你的狗狗，它的黑色的唇线在嘴角处略向上弯曲，勾绘出天生的笑容，能让你体会到一种让极地冰雪也能融化的温暖。

（二）善于表达

萨摩耶犬的美丽很大一部分来自它们丰富的感染力，它精致的五官和丰富的肢体语言充满了奇特的表现能力，无须复杂的交谈就能让我们深切地感受到它们的喜怒哀乐。如果萨摩耶犬使劲摇动尾巴，向高处跳跃则表示它高兴；如果两眼圆睁，目光尖锐，嘴巴紧闭并发出呼呼的威胁声，说明犬此时已经发怒了；如果犬的两眼无光，头垂下，用乞求的目光望着主人或躲到墙角或凳子下面，说明犬正伤心；尾巴下垂或夹在两腿之间，这是犬恐惧时的表现；如果犬的尾巴高翘并不断摆动，对你伸出前爪，表示它想与你亲热，希望你能带它出去玩。

表1－1　　　　　　　　　萨摩耶犬的身体语言

部位	行为表现	代表含义
眼睛	正视	注意
	斜视	发怒
鼻子	犬鼻表面的皮肤横向聚拢，形成纵向的褶皱	发怒
	鼻息（到处嗅闻）	探求环境
嘴巴	伸出舌头	放松

续表

部位	行为表现	代表含义
耳朵	往后收缩	屈服或恐惧
	竖起向前	警觉
	转动	查找周围异常声响
尾巴	摇晃	想要一起活动
	犬尾巴快速摆动	兴奋
	主人回家时，犬尾巴小幅摆动	问候
	尾巴剧烈摆动，甚至带动犬的臀部产生晃动	久别重逢
	放下，但不是低垂	放松
	下垂，蜷在一条腿上或夹在两腿之间	恐惧
身体	身体前部随前爪下伏，前肘和胸部触地，臀部向后翘起，尾兴奋地摇动，并从这个姿势腾跃而起	邀请同伴玩耍
	背贴地翻滚，或侧躺	服从
	嗅对方的尾部	问候
	舔面部	和平
	头和身体前部降低，耳贴向头后面。尾夹在后腿之间，整个身体几乎贴地，试图溜走	退却和让步
	倒向身体一侧，移开腿露出生殖器官区域	
	紧急情况下，犬翻滚身体排尿	

（三）耐力惊人

萨摩耶犬以具有忍耐力与健壮的体格而闻名，它们的肌肉非常发达，体能充沛，这是它们拥有极好的体力和耐力的基础。在美国养犬协会（AKC）所注册的犬种只有三种犬是用来拉雪橇的，其中就包括萨摩耶犬。萨摩耶犬能耐 −40℃的严寒，能连续奔跑几十公里，可见其体力和耐力特别强。

（四）易于训练

萨摩耶犬天生聪颖，它们能够领会人类的语言、表情和各种手势，因此，萨摩耶犬无论是做伴侣犬还是工作犬，人类都可以对它进行训练和调教，使犬掌握某种特殊本领。通过训练，萨摩耶犬可以具备基本的服从能力，学会在主人的指挥下完成坐、卧、站立、前来、握手等科目。优秀的萨摩耶犬在经过训练后，还能表演小品（如计数、识字、鞠躬等）。

（五）天生胆小

外表俊俏娇美的萨摩耶犬其实是个胆小的家伙。当你向它抛去一个陌生的玩具时，它首先会倒退几步，紧盯着玩具，等玩具彻底落到地上之后，它才敢走过去看看，尽显胆小本色。有时候，你把萨摩耶犬抱到柜子上或诊疗台上，它们也会害怕得发抖，哆哆嗦嗦。对于突如其来的较大声音（如闪电、雷鸣、飞机轰鸣声）和火光，有的萨摩耶犬会表现出较强的恐惧感，会夹着尾巴逃到沙发下面或桌子下面，这些地方是犬（包括萨摩耶犬在内）认为比较安全的地方。害怕火光、闪电、雷鸣、飞机发出的噪音是犬的天性，但是通过科学的训练，它们是能够消除恐惧感的。

（六）温顺友善

萨摩耶犬的优秀品质在幼犬身上就已表现出来。它聪明、文雅，对主人忠心耿耿，热衷于服务，友善，对陌生人表示友好，是一种对人类不设防的动物。由于这种温顺的性情，造就了它们喜欢与人亲近，总是渴望人的陪伴，因此在所有的雪橇犬中，萨摩耶犬成为被广泛喂养的家庭宠物犬。

第二章 萨摩耶犬鉴赏标准

一、整体外貌

萨摩耶犬有着非常引人注目的外表特征：雪白的被毛，微笑的脸和黑色而聪明的眼睛，是现在犬种中最漂亮的一种。为了适应拉雪橇，萨摩耶犬的背部不能过长，也不能过于紧凑，胸部不能过深；颈部结实，腿部强健，四肢比较长；后躯特别发达，膝关节有适当角度；臀部丰满，略倾斜，与尾根部连接自然。（图2-1）

图2-1

二、身体结构

萨摩耶犬的骨骼肌肉发达，其骨骼比其他同等体高的犬重，但应与体型大小成比例。体重不能过重，否则显得笨拙，但也不能过轻，应与体高成比例。公犬体高53.5～59.5厘米，母犬体高48.5～53.5厘米。（图2-2）

图2-2

三、被毛

北极的阳光和冰雪赋予了萨摩耶犬一身洁白而有冰样光泽的双层被毛：下层毛短，柔软，似羊毛，覆盖全身；上层毛较粗，较长，垂直于身体生长，不卷曲；颈部和肩部的被毛形呈领状（公犬比母犬多）；被毛能抵御严寒，有

光泽；母犬的被毛比公犬略短，更柔软。（图2-3）

图2-3

四、颜色

萨摩耶犬被毛的颜色可为纯白色、白色带浅棕色、奶酪色或整体为浅棕色。（图2-4）

图2-4

五、步态

萨摩耶犬的标准步态是小跑而非踱步。它的动作轻快、平稳、灵活有节奏，前躯伸展充分、后躯驱动有力。缓慢行进或小跑时，足迹不重叠。当加快速度时，脚垫向内收缩。最后，足迹落在身体中心线下，后躯足迹落在前躯的足迹上，躯体向前滑动。（图2-5）

图 2-5

六、前躯

两前肢直、彼此平行，脚腕结实、坚固，由于胸部较深，所以前躯要有足够的长度。四肢过短的犬不符合标准。（图 2-6）

图 2-6

七、后躯

大腿发达，膝关节约与地面成45°角，跗关节在肩高的下1/3处。从后面看，犬在自然站立时，双后肢平行。（图2-7）

图2-7

八、脚

足爪长且大（像兔足），脚趾略微展开呈圆拱状；脚垫厚实、坚硬，脚趾间有保护性饰毛。自然站立时，足爪既不向内弯也不向外翻。（图2-8）

图2-8

九、头部

颁骨呈楔形，宽，顶部略呈拱形，但不圆。口吻中等长度、中等宽度，向鼻头方向略呈锥形。口吻必须深，胡须不必去除。嘴唇黑色，嘴角略向上翘，形成具有特色的"萨摩耶式微笑"。耳朵结实且厚，直立，呈三角形，且尖端略圆。两耳之间距离分得比较开，靠近头部外缘且显得灵活。眼睛颜色深一些的比较好，位置分得较开，杏仁状，下眼睑指向耳根。深色眼圈比较理想。鼻子呈黑色是最理想的，但棕色或肝色也可以接受。有时鼻子的颜色会随着年龄、气候的变化而改变。牙齿结实、整齐，呈剪状咬合。上下颚不可过于突出。（图2-9、图2-10）

图2-9

图2-10

十、表情

是否具有微笑的表情是非常重要的。当犬的注意力集中在某事上时，它的眼神好像会说话，面部表情生动活泼。其表情由眼睛、耳朵和嘴构成，警惕时耳朵直立、嘴略向嘴角弯曲，形成"萨摩耶式的微笑"。（图2-11）

图 2 - 11

十一、躯干

颈部强壮、肌肉丰满，呈一优美的拱形。胸部深，肋骨从脊柱向外扩张，到两侧变平，桶状胸是缺点。腰部强壮，略成拱形。背部直，中等长度，肌肉丰满。身体近似方形，母犬身长可比公犬略长。腹部向上收紧。臀部丰满，略倾斜，与尾根部连接自然。极地生活使得萨摩耶犬的尾巴比较长，自然下垂时可达跗关节部；尾部被毛长而厚；当犬处于戒备状态时，尾上翘高于背部或位于背部一侧，休息时下垂。（图 2 - 12）

图 2 - 12

十二、特征

　　萨摩耶犬温和而友善，从不制造麻烦；它天生聪明，对主人绝对忠诚。同时，它身体强壮、奔跑速度快，适应性强，机警，充满活力，乐于服务，进攻性不强，这使得萨摩耶犬成为人类忠实的朋友与伴侣，并逐渐进入千家万户。

第三章　萨摩耶犬的选购

一、选购要点

（一）性格选择

萨摩耶犬性格温和而友善，从不制造麻烦；它天生聪明，对主人绝对忠诚。适应性强，机警，充满活力，乐于服务，友好，不保守，不胆怯，不多疑，进攻性不强，对人与其他动物友善，常会主动靠近与之玩耍，以示友好。有咬癖或焦虑不安、左顾右盼、极度敏感、神经质、脆弱等不良性格的犬不宜选择。

（二）性别选择

选择什么样的性别是个人喜好的事情。一般来说，公犬活泼好动，易被异性吸引；而母犬温柔安静，体型娇小，但每年要发情 2 次，一是污染室内外环境，另外发情期间其情绪可能发生变化，需要主人花费时间和精力去照顾母犬，保护母犬不受公犬的干扰，否则就会造成私配和乱配。

（三）犬龄判定

犬的年龄可根据血统书或出生登记表上的出生日期进行推算。对无资料可查的犬，应通过询问知情人或根据犬齿的更替、生长情况及其磨损的程度来确定犬龄。但由于所喂饲料的性质、生活环境等因素，牙齿磨损的程度也有所不同，因此可能给年龄的判定带来一定误差。根据牙齿变化来判定年龄的参数标准见表 3-1。

表 3 - 1　　　　　　　　　犬齿与年龄的关系表

年龄	牙齿状况
19 ~ 28 天	乳切齿长出
21 ~ 28 天	第 3 乳前臼齿长出
21 ~ 35 天	乳犬齿长出
21 ~ 42 天	第 4 乳前臼齿长出
28 ~ 42 天	第 2 乳前臼齿长出
2 月龄	全部乳齿长齐
3 ~ 4 月龄	更换第 1、2 切齿，永久切齿长出
4 ~ 5 月龄	更换第 1 乳前臼齿，永久前臼齿长出
4 ~ 6 月龄	更换犬齿，长出永久齿
4 ~ 7 月龄	更换第 2 后臼齿，长出永久齿
5 ~ 6 月龄	更换第 3 切齿，长出永久齿
6 ~ 9 月龄	下颌第 3 永久后臼齿长出
9 ~ 10 月龄	全部更换齐全
1 岁	永臼齿全部长齐，牙齿白而有光泽
1.5 岁	下颌第 1 切齿尖端有磨损
2.5 岁	下颌第 2 切齿尖端有磨损
3.5 岁	上颌第 1 切齿尖端有磨损
4.5 岁	上颌第 2 切齿尖端有磨损
5 岁	下颌第 3 切齿尖端有磨损，第 1、2 切齿磨损为矩形，犬齿开始磨损

（四）数量选择

养犬数量的多少取决于养犬的目的、实际饲养条件、主人的时间以及经济条件等因素。如果有条件（包括时间条件、经济条件、实际饲养条件等），可饲养 2 头犬，这有利于小犬的性格塑造和身心成长。

（五）健康判定

在选犬时，犬的健康是第一位的。无论犬外观多么有气质，体格多么健壮，身体机能多么发达，如果不是健康的犬，那么这头犬就不能入选。如何甄别健康犬还是患病犬，可以通过观察犬的外在表现和测量犬的体温、脉搏、呼吸来判定。

1. 看其生长发育情况

发育好的犬，表现为身体结构匀称，被毛整齐有光泽，肌肉结实，给人以强壮有力的印象。

发育不良的犬，多表现为躯体矮小，消瘦，结构不匀称，被毛乱而无光泽，身体有肿胀、溃疡、红斑、烂斑、小结节等现象，或局部脱毛、有皮屑、痒感等。

2. 看其精神状态和行为表现

健康的犬表现为精神饱满，对外界的刺激反应迅速，姿态自然，活泼好动，各部位动作灵巧，屈伸自如。

患病的犬表现为精神萎靡，反应迟钝，头低耳耷，运步缓慢，行走无力，不愿行走或出现瘸腿，喜卧地，或卧地不起等。

3. 看其饮食状态

健康犬的食欲旺盛，见到食物时一般会飞快地跑过来，聚精会神地在短时间内将食物一气吃光。

患病的犬食欲不正常，通常出现食欲不振（吃得少或者磨磨蹭蹭地吃食）、食欲废绝（犬丝毫没有食欲、不吃食或犬不接近食物，闻一闻就走开）。有的犬见到食物时飞快地跑过来，但却不吃，很可能是口腔出现了异常，想吃而不能吃。

4. 看其口腔鼻腔

健康犬的鼻镜湿润，有点凉，并附有少许汗珠，分布均匀。口腔应清洁湿润，黏膜淡红，无臭味。牙齿整齐，牙龈不红肿，无牙结石，不松动。舌鲜红色、无舌苔、活动自如，吐气无口臭。嘴闭合好，不流涎。

鼻镜无汗或干燥起壳，严重时有龟裂纹状；鼻腔有清水样或黏稠脓性的鼻液。口腔黏膜淡白或潮红干涩，有恶臭味、流涎等，这些都是犬体处于异常状态的表现。

5. 看其眼睛耳朵

正常犬的眼睛大而明亮，内眼睑颜色为粉红色，眼睛有神气；有眼屎，经常用爪子抓眼睛或不停地眨眼，结膜潮红，流泪，甚至角膜浑浊，说明为异常眼。

健康犬的耳部无痛感，耳壳皮肤无瘙痒，无掉毛和皮屑。翻开犬的耳朵检查时，耳道内干净、无分泌物、无异味，呈现浅粉红色。如果耳部有痛感，耳道内有分泌物或有异味，说明为异常耳。

6. 观察胸腹部

患病的犬肋骨呈串珠状凸起，乳房肿胀，有硬结，皮肤变红，发热；腹部单侧或双侧臌胀，有腹水；腹部有粉刺样丘疹、发痒等，上述症状都是异常的表现。

7. 观察肛门

健康的犬肛门紧缩，肛门附近干净，无腹泻迹象，肛门腺分泌正常，不红肿，排便通畅。患病的犬特别是患有下痢等消化道疾病的幼犬，常见肛门松弛，周围不洁有污秽，有时还可见炎症或溃疡。

8. 观察外生殖器

健康公犬的阴茎不红肿，包皮无脓性分泌物；母犬阴道无异常分泌物，无异味；阴蒂和阴唇不增厚、不瘙痒，无异常色素变化。患病的公犬可见阴茎红肿，包皮内流出脓性或有血液的分泌物，常舔阴茎；单侧的睾丸或阴囊肿大等；母犬阴道出现异常分泌物、有异味，常舔外阴部等。

除了上述方法外，也可通过测量犬的体温、脉搏、呼吸数来判定犬是否处于健康状态。

幼犬的正常体温为38.5～39.5℃（直肠温度），成犬的正常体温为37.5～38.5℃（直肠温度）。方法是先将体温计甩到35℃以下，涂上清水，左臂将犬抱住，左手提起尾巴，右手将体温计慢慢插入肛门3～4厘米，并把体温计的夹子夹在尾根毛上以防滑脱。3分钟后取出体温计，用棉球或干净的软纸将粪便擦净读数。也可用手触摸犬的鼻镜，感知鼻镜的温度。如果鼻镜凉，鼻镜表面有汗珠，说明犬不发烧；如果鼻镜温热，鼻镜表面没有汗珠，说明犬发烧。

犬的正常呼吸数10～30次/分（但呼吸次数也受犬的年龄、妊娠、散放活动，或外界温度变化等因素的影响）。测量犬呼吸数的方法是观察犬胸腹部的起伏运动，或者用手来感觉鼻腔排出气流的次数。

犬的正常脉搏数为70～90次/分（但犬的脉搏数也受年龄、剧烈运动、妊娠、外界温度变化等因素的影响）。犬的脉搏数测量方法是从犬的前后肢的动脉处检测，也可用手掌放在左侧心脏部位测量。

（六）外观选择

萨摩耶犬的外观相当重要。选犬时，犬应显示出机灵活跃的状态，面部表情生动活泼，有着萨摩耶招牌式的微笑。眼睛为清澈的深褐色，鼻子应该是乌黑而湿润的健康状态，嘴唇微黑色。被毛厚重，颜色为白色、白色加浅黄色、奶油色或浅黄色。

二、注意事项

（一）具备一定的相关知识

购买前，一定要掌握萨摩耶犬的相关知识，了解该犬种的历史背景、品种特征、生活习性、饲养管理知识以及该犬种易患的疾病和养护知识，做到心中有数，这一点非常重要。如果想选购一只萨摩耶幼犬做家庭宠物其实很简单，只要它健康、长相甜美就好了。因为"萨摩耶式的微笑"和"双眼皮"就是它最特别的招牌。如果一只健康的小犬让你一眼看过去很合眼缘，性格也很温和友好的话，那么不用犹豫，因为萨摩耶犬长大后不会难看到哪里去。如果想购买一只犬准备参加犬展或者准备去尝试繁殖的话，那么需要考虑的因素就太多了。繁殖者需要考虑幼犬的血统，这决定了它是否能稳定地继承并遗传好的身体结构及优点；想买赛级犬的主人则需要判断犬只整体是否符合标准中描述的那些要求和数值，因为这将是日后赛场上衡量比赛成绩的标准之一。总之，需要多交流经验，多补充犬种知识，才能选购到一只你心目中的理想犬只。

（二）选择合适的买犬途径

通常买犬可到犬繁殖场购买，到宠物市场购买，或到朋友、邻居家购买，或通过网络购买。这四种买犬途径各有其优缺点：

到犬繁殖场购买，相对比较可靠，因能看到饲养种犬的体况和种犬的血统，一般能保证健康和疫苗注射，相对来说品种也较纯，如有什么意外，也可以找场方协商解决，但一般说来价格不菲。

到犬市场购买，选择面较广，但是售犬商店也良莠不齐，各家信誉度也参差不齐，犬品种的纯度和健康也难以保证。一旦出了事情，只能自己承担，并且无从知道该犬的父母代是否优良，但其价格相对较为便宜。

到朋友家购买，这样既可知道幼犬父母代的情况，也可知道是否已经注射过疫苗，又能保证购买的犬的健康，并且价格也好商量，但是在选择犬的品种和年龄大小等方面受到限制。

另外，现代社会网络资讯比较发达，很容易就能找到你所要买的犬种。但是，对于网上信息的真假，你无法去甄别，更无法保证犬的健康，所以最好不要采用网上购买这种途径，除非你亲眼见到过这头犬。

（三）索取相关证明和食谱

购买后，一定要向出售方索取有关证明文书和食谱，这些证明包括：

1. 血统证明书或犬的档案

购买犬时，购犬者应特别注意让出售方提供所购犬的血统证明书或犬的档案。血统证明书可以说是犬的户口本，它是该犬及其祖宗三代的健康状况、训练成绩等的记录。血统证明书上一般应有：犬种名、犬名、犬舍号、出生年月日、性别、毛色、繁殖者、同胎犬名；奖励、训练成绩、登录号码、登录者、登录的日期等。出售方应保证该犬和系谱记载的一致。购买方也应注意血统证明书上的爱犬照片及耳号是否和犬一致。

2. 预防接种和驱虫证明书

不管原饲养者是否进行过预防接种或驱虫，均应索取证明，如未进行预防接种或驱虫，应尽快进行预防接种和驱虫；如果已注射过疫苗和驱虫，它也可告诉你何时需要再次进行预防接种和驱虫。

3. 犬的食谱

在买犬时，最好向对方索要一份原来的食谱，逐渐改变犬餐，让爱犬适应你的食物配方，防止突然改变食物，引起消化不良。

（四）注意"派系"的区分

纯种犬的繁殖界里有着所谓"美系"、"英系"之分（Eel，2007），实际上确实存在这种由于地域和繁殖倾向上的差异所造成的明显区别。但是对于普通的爱好者来说，美系和英系的差别似乎还不是那么清晰。

1. 体型

英系萨摩耶体型小一些，身体结构短。美系萨摩耶给人的感觉是健壮、高大，强调骨量的充足。

2. 毛质

英系萨摩耶成年后毛色为奶白色，毛质干燥，摸起来有些硬。英系更强调饰毛的饱满感。美系萨摩耶被毛质地柔软，手摸上去很顺滑。成年后毛色为白色并且皮肤更容易分泌出皮脂保护物质。

3. 脸部

英系萨摩耶显得秀气、甜美，两耳间的距离比较近。由于头骨构架比较小，会显得眼睛很大。美系萨摩耶的眼睛和英系的没有什么差别，但因为脸大会显得眼睛小一些，更加可爱、亲切。美系萨摩耶的耳朵间距要比英系稍宽。

4. 幼犬

萨摩耶幼犬给人俊俏飘逸的感觉，体重轻些，眼睛很大。美系萨摩耶幼犬则更像一只小北极熊，因为底部绒毛毛量非常大，所以呈现出浑圆的感觉，而且相对来讲，美系萨摩耶要比英系萨摩耶体重重很多。

（五）办理养犬的有关手续

选购了合适的犬后，必须遵守当地的有关养犬规定。只要犬超过了3月龄，就必须在规定的时间内向政府有关机构办理养犬登记，申领准养证；同时还必须带犬到当地兽医防疫部门注射狂犬病疫苗，申领防疫证。

第四章 萨摩耶犬的饲养管理

一、犬舍的准备

随着家庭养犬的增多，各式各样的犬舍也相继制造出来，有移动式的，有固定式的。这类犬舍看起来优雅漂亮，但价格昂贵。实际上，在犬幼龄的时候，可以在室内为它准备一个大小合适的硬纸箱、木箱等睡觉就可以了，在箱子的底部铺垫一些旧布、报纸、毡子等。也可以购买简单实用的箱包等物品作为犬屋。待犬长大后，可在庭院里设计制作一个活动犬舍，或在室内的一角安置一个犬床。

二、用具的准备

小犬进家之前，就要给犬准备好各种物品和用具了，如饲喂用具、洗刷用具、多种玩具、训练用具等。

（一）饲喂用具

犬的饲喂用具有食盆、食盘和水碗，这些用具最好是铝制或不锈钢制品。不能用易碎的陶瓷制品和易生锈的铁制器皿。另外，饲喂用具要底重、边厚（防止吃食时打翻）、表面光滑（易于洗刷），不能太浅（以免食物四面飞溅）。（图4－1、图4－2）

图4－1 根据犬的形体大小来选购
与其相匹配的食盆、水盆

图4-2 根据犬的形体大小来选
购与其相匹配的食盆、水盆

（二）洗刷用具

洗刷用具主要是刷子和梳子，用于给犬梳刷被毛。另外，还要备有整毛、美容和洗澡的用具，如剃刀、剪子、电推剪、浴盆、棉球、毛巾、洗发剂、电吹风等。（图4-3、图4-4）

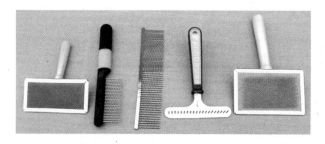

图4-3 梳刷犬毛用的梳子

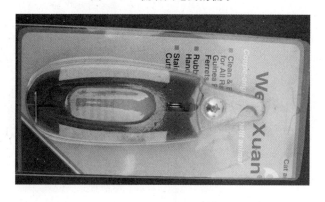

图4-4 犬用趾甲剪

（三）玩具

准备一些玩具，供幼犬啃咬或追捕，这样既能防止幼犬损坏室内其他物品，又能锻炼幼犬。但这类用具质量一定要好，易碎、有毛、能吞下的东西不能做玩具，以免幼犬误食。啃咬有助于幼犬牙齿和牙床健康，清洗牙齿；追捕有助于幼犬学会追逐、逮住并衔回物品。（图4－5～图4－7）

图4－5　玩具

图4－6　玩具

图4－7　玩具

（四）项圈

要让犬从小养成戴项圈的习惯，以便犬长大后外出时牵领和控制。项圈在质地、结构和用途上各不相同，它们通常是皮制的、尼龙制的或金属制的。皮制项圈是犬用理想之物，它既舒服又耐用，只不过价格有些昂贵。无论哪一种项圈，给犬佩戴时，要松紧适度，并随犬的生长及时调整和更换。（图4－8）

图4－8　犬用项圈

（五）牵引用具

常用的牵引用具有帆布牵引带、铁链、皮牵引带等。无论选用哪一种，以轻便、结实的为最好。（图4-9）

图4-9 牵引用具

三、食物的准备

要使犬保持良好的健康状态，每天必须有营养均衡、适量的饮食。适合于犬吃的食物有很多种，通常包括罐装饲料、半干饲料、脱水饲料、补充食品等，也可以自己给犬制作食物。所以，应多方面考虑才能在这些可口食物中做出选择。

首先，要熟悉各种犬粮的特点。如罐装的食物含水量多，有多种口味，通常是犬爱吃的食物。半干饲料常含有植物蛋白质，这种犬粮比罐装的含水量少，在犬的食盆内容易保存，不至于变干和变形腐败。脱水饲料含有犬所需要的各种营养成分，含水量较少。其中有些需在喂食之前用水搅拌均匀；有些虽可直接喂食，但犬要在吃食后多喝水。补充食品是指和罐装食物、熟肉或生肉一起喂犬的食品，通常是含有谷类的食物。这类食物虽可单独食用，但不能满足犬的日常营养需要。而自制食物是根据犬的营养需要，将各种饲料按一定比例混合在一起而制成的日粮。自行配制的饲料，容易引起饲料营养不全或因配制方法不当而造成营养成分丢失，或因犬的偏食而发生某些疾病。但是，从节约成本的角度，在克服配方不合理和配制方法不当等问题后，还是必要的，也是可行的（见表4－1）。

表4－1 犬食物类型一览表

食物类型	优 点	缺 点
罐装食物 （湿的）	非常美味	容易导致肥胖
	含有犬所需的各种营养成分	味道浓厚
	如果没有打开，可以储存很长时间	对牙齿不利
		含有多种人工添加剂
		比较贵
半干饲料 （袋装/锡箔盘子装）	美味	容易导致肥胖
	含有犬所需的各种营养成分	味道浓厚
	比罐装的容易储存	对牙齿不利
		含有多种人工添加剂
		很贵
		易变质
脱水饲料（包装）	经济	储存时间过长易变质
	臭味比较小	不如带水的饲料味道好
	含有犬所需的各种营养成分	由于含有高谷物成分，会给对麸子过敏的犬带来麻烦
	有磨牙的功能，对牙齿好	
	重量轻，携带方便	
	饲喂方便	
补充食品	经济	和蛋白质混合需要时间
	味道清淡	如果储存时间过长易变质
	是能力的良好来源	
	大多数添加了维生素和矿物质	
	干食有磨牙的功能，对牙齿好	
	携带方便	
家庭自制食物	比较经济	可能会缺乏某种必要的营养成分
	有效利用剩菜剩饭，利于环保	需花费时间制作食物

（引自 Garoline Davis 著、汪培山译的《选只狗来养》）

其次，应考虑到犬的生长阶段。例如，幼犬犬粮专为幼犬设计，一般营养水平较高,成年犬采食幼犬犬粮会导致肥胖,也会导致浪费,而幼犬食用成年犬犬粮则容易出现发育不良。

再次,不宜频繁更换犬粮,否则易引起犬的消化不良。有些主人误认为经常吃固定种类的犬粮,犬会吃腻的,于是出于对犬的爱心更换了犬粮,其实不必要。只要犬爱吃、吃后生理状态良好,就应该坚持饲喂同一品牌的犬粮。如果必须更换犬粮,也应在犬只身体状况较好时更换。

最后,选购犬粮时应注意阅读产品说明书,了解产品成分、含量、保质期、喂食次数、喂食量以及喂食方法等,以便做到科学饲喂。

四、犬的饲喂

(一) 幼犬

幼犬阶段是犬生长发育最旺盛的时期,所喂的食物将对小犬以后的行为以及它的身体发育产生重要的影响。要确保犬每天不仅得到了足够量的食物,还应该注意它的饮食在蛋白质、碳水化合物、脂肪、维生素和矿物质等各个方面是否均衡。应该给犬喂既合口味又易于消化的食物。在它刚来到你家时,你应当继续按照犬场的食谱给它喂食。一周以后,可以给它换换食物,最好是逐渐地改变,饲喂品牌商品狗粮,也可以自行配制日粮。无论是商品狗粮,还是自配食物,饲料一定要新鲜、清洁,发霉变质和腐烂的饲料一定不能使用。

1. 饲喂次数

开始的时候,一天给犬喂4次。12周龄时,每天3次。6月龄时,每天2次(见表4-2)。喂量要根据实际情况灵活掌握。

表4-2　　　　　　　　正在发育的幼犬喂食食谱

犬　龄	喂食次数	喂食内容
4周龄以下	按需喂给	犬奶
4~6周龄	每天3~4次	给婴儿食用的谷物,混些热奶。逐渐加入肉片和饼干,或喂专门的断奶食品。

续表

犬　龄	喂食次数	喂食内容
7~12周	早餐 上午餐 下午3~4点 晚6~7点	谷类 专门的商品饲料或碎肉（牛肉、羊肉、鸡肉），并混以等量的用肉汁泡软的饼干 同上 谷类
12周	上午餐 下午3~4点 晚6~7点	每天3次，饲喂专门的商品饲料，或喂加有蔬菜和矿物质的肉类或碳水化合物。
6月龄	上午餐 晚6~7点	每天2次，同上。使用针对大一些犬的专用犬粮
9月龄	1次（早上或晚上）	逐渐喂成年犬粮

（引自张紧跟译的《爱犬－个性化、人性化养犬方案》）

2. 喂食要点

（1）用幼犬自己的碗有规律地喂食。

（2）经常给犬喂新鲜的水，尤其是给它喂干粮的时候。

（3）使用一些高质量的犬粮，即使它的价格贵些。

（4）饲喂要做到"四定"。一要定时，每天喂犬的时间要固定，以使犬形成条件反射，准时分泌消化液，增进食欲，促进消化和吸收；二要定量，定量是指每天饲喂的饲料量要相对稳定，不可时多时少，避免出现犬饱一顿或饥一顿的现象；三要定点，饲喂地点要固定；四要定温，食温以37℃左右为宜，夏季时食物温度可低些。

另外，不要让犬吃得过饱，以免造成胃扩张等急性疾病。暴饮暴食对于幼犬的危害更严重，由于幼犬的消化能力较弱并且对饱饿的控制能力差，更易造成过饱的情况，进而造成腹泻、呕吐等急性胃肠道症状，甚至危及生命。

3. 不该做的事情

（1）让你的小犬保护它的碗。在它正在吃食的时候，往碗里一次又一次地添加可口的食物，这会妨碍它的占有欲。

（2）在主人进餐的时候，从桌子上给犬喂一些可口的食物。

（二）孕犬

怀孕前期的母犬，每天喂 2 次，2 次之间的时间间隔尽量长些，以利于犬对饲料的充分消化。在怀孕后期，改喂 3 次。饲喂时间应相对稳定。犬在形成对食物的时间反射后，在那特定时间内，体内有规律地分泌消化液，对食物具有最大的消化率。在食物的温度上，冬季忌冷食，食物的温度在 15 ~ 30℃之间。夏天从冰箱中拿出的食物，不能马上喂犬，必经加温到适当温度。在食物的组成上，必须保证食物包含各种必需的足够的营养物质。最好采用颗粒饲料，颗粒饲料具有饲用方便、适口性好、营养全面、利于保存等优点。食物的卫生质量必须得到保证。变质发霉的饲料不仅不能供给营养，而且对犬健康有损。

（三）病犬

一般来说，病犬的食欲均不好，食物稍不适口，就会不吃。因此，要选择平时犬最喜欢吃的食物，定量地喂给，尽可能提高食欲和增加进食量。如鸡脂肪、肉汤、生肝或煮熟肝加入饲料中，可提高适口性。要针对不同病症，给予对症食疗。如有些疾病（尤其是伴有体温升高）会引起唾液分泌减少或者停止，口腔干燥，给食物的咀嚼和咽下造成困难，这时应给予流质或半流质食物，同时提供充足的饮水。患有胃肠道疾病，尤其是伴有呕吐和下痢的疾病，会有大量的水分随着排泄物一起排出，如不及时补充，将导致机体脱水。因而，对这类病犬，要补充足够的水分，如大剂量静脉输液或令其自然饮用，给予刺激性小、易消化的食物，要做到少喂多餐，减少食物中的粗纤维、乳糖，植物蛋白和动物结缔组织，增加煮熟的蛋、瘦肉等易消化、营养价值高的食物。对呕吐和下痢的病犬，食物中要补充 B 族维生素。犬对饲料的类型（稀、半干和干燥）有明显的个体嗜好，最好不要突然改变其原来的饲料类型。

（四）老龄犬

老龄犬的各种组织器官以及新陈代谢、免疫功能、生理活动等随着年龄的增长在慢慢退化，饮食营养也应适应这些变化来加以调整，否则就会给健康带来损害，所以饮食营养是老龄犬保健的一个重要环节。老龄萨摩耶犬饮食营养的具体要求：

1. 蛋白质

在老龄犬营养中，蛋白质是非常重要的。如果食物中的蛋白质含量不足，则会加速肌肉等组织的衰老退化，降低酶的活性，引起贫血，降低对疾病抵抗力，并引发一系列不良后果。但过多的蛋白也会引起肾功能损伤。选择老龄犬食物时，其食物中应含有 18% ~ 20% 的优质、容易消化的蛋白质，并保持蛋白质中各种氨基酸比例适当。

2. 脂类

老龄犬活动量减少，每天供给的热量也要相应减少。如果热能供应过多，容易引起高脂血症、肥胖等。一般来讲，老龄犬的食物应包含 10% ~ 18% 的脂肪。

3. 维生素

在老龄犬的营养中，要有充足的维生素，其供给量不应低于中青年犬。尤其是饲喂家庭自制饲料时要注意添加维生素，否则容易出现维生素缺乏症。较为简便的办法是在老龄犬的饮水中添加水溶性维生素。

4. 微量元素

在考虑老龄犬的食物添加剂时，应考虑到锌，这与提高犬的免疫力有一定关系。此外应适当额外补充钙和维生素 D_3，同时建议给予磷含量较低（0.5%）和钙磷比例恰当的食物。钠盐的摄入量对于年老衰弱的犬非常重要，钠盐能增加水分在体内的储存，增加心脏病的发病率。老龄犬每天每千克体重最低需要 4 毫克钠，但不要超过每天每千克体重 50 毫克。

根据上述营养需要，老龄萨摩耶犬的饮食应精心调配，使食物的营养不仅要全面、食物口感要松软、易消化，而且应含有优质蛋白质和适量纤维素，切忌喂食硬性食物。尽量避免食用动物内脏，以减轻心脏和肝脏的负担。由于消化吸收功能减退，老龄犬必须做到少食多餐，每天应将一天的食物总量分 3 ~ 4 餐饲喂，切忌一次性饲喂。如果选用老龄犬专用犬粮，同时应添加维生素和钙剂。饮水对老龄犬非常重要，除特殊情况需要控制饮水外，必须保障随时能饮用到干净水。

五、散步与运动

没有不喜欢散步的犬。适当的运动不仅可以增强犬的体质，对于犬熟悉环境也是很重要的。对小犬来说，周围的一切都是新的，应尽量让犬去接触。散步有利于小犬的身心健康。

（一）主要作用

犬是喜欢动而不喜欢静的动物，让犬保持健康的关键是运动。而运动对于主人来说也是有益的。

（1）带犬散步和运动，可以培养犬的良好习性，增强犬的体质和各种器官的机能，有效预防犬的肥胖症，以及调整犬的神经活动等。

（2）在一定意义上，散步和运动本身也是一种对幼犬的训练，同时对犬主人来说可以增加散步的乐趣。

（二）散步技巧

1. 使犬适应牵引，习惯跟在主人左侧行走

犬在外出前一定要给它戴上脖圈并系上牵引带（牵引链），使犬养成适应牵引的习惯。出门后，主人就要紧紧抓住牵引带（牵引链）的末端，并使犬靠在主人的身体左侧行走。当犬适应了靠在主人的身体左侧行走之后，主人就要用"好"的口令来表扬犬。当犬脱离主人的身体左侧后，主人就要用"靠"口令来纠正犬，并用食物或犬喜欢的物品来逗引犬，使犬回到犬主人身体左侧。如果犬往前抢行，就轻轻拽牵引带加以制止。如果这样还不行的话，就用力拉住牵引带要犬停下来。

2. 适当控制，禁止犬到处乱窜

在散步过程中，犬可能会很兴奋地到处乱窜，或到处乱嗅，也可能在树下面、电线杆下撒尿。如果犬接触到的是其他有传染病犬的排泄物，就可能被传染上，因此要适当控制犬，同时也可以防止被路过的汽车碰伤。另外，散步时犬可能乱捡地面的食物或垃圾，犬主人要用禁止的方法及时纠正犬的乱拣拾物品的不良行为，也要禁止犬追咬车辆、行人、畜禽等。

3. 选择合适的散步时间与运动方式

散步时间和运动方式的选择对犬来说非常重要。尤其是对于处于特殊阶段的犬（如怀孕犬）来说更要精心选择。一般来说，每次喂食半小时后进行散放，给犬轻微活动的机会，散步20分钟左右即可；犬被较长时间地关在犬舍内或拴系时，最少每隔2～3小时散放15分钟左右。另外，应根据季节的

变化相应调整散步时间。在炎热的夏季，为避免犬中暑可选择晚上或早晨去散步。具体地讲，下午 6 点以后或上午 6 点以前最为合适。反之，到了冬天因气温较低，散步应选择在阳光高照的时间进行，上午 10 点到下午 3 点之间是进行日光浴的最佳时间。

散步过程中要经常带犬跑动，使犬每天都有一定的运动量。运动量要根据犬的年龄、体质、训练强度、气候等情况酌情掌握。使犬运动的方法，可采取随自行车奔跑、爬山、游泳、抛物衔取、通过障碍等多种形式。运动时要注意，当犬的呼吸加速时即应减缓运动量。

4. 与其他犬的交流

散步时很可能碰上其他的犬。在公园里，经常看见不同类型的犬快乐地一起玩耍。当犬聚集到一起玩耍时，犬主人应拉紧牵引带，随时观察犬的"体语"或身体表现。如果犬与犬之间鼻子挨着鼻子打个招呼，或相互嗅嗅肛门的味道，这是犬在正常地交流。如果鼻子上堆起来皱褶，体毛开始立起来，意味着战争马上爆发，应立即将犬分开或牵走。

六、四季管理

犬的管理因季节不同而有所差别，特别注意季节性的多发病。

（一）春季管理

春季是犬发情、交配、繁殖和换毛的季节。母犬在发情期间，其生理功能和行为会发生一些特殊的改变，发情母犬到处乱走。因此，犬主及其家人要注意发情犬的管理，防止发情犬患各种疾病，同时防止乱跑、乱配。尤其是优良的纯种犬更应注意，以免品种退化。

春季也是换毛季节。厚实的冬季毛将要脱落，应对犬的头部、背部等被毛进行梳理。如不及时梳理，脱落的毛和不洁的毛会在犬睡卧及做各种运动时缠结在一起，为寄生虫、真菌的繁殖提供很好的环境。不洁的皮肤会引起瘙痒，犬会抓咬和摩擦身体消除痒感，将皮肤弄破而引起皮肤感染。因此，在春季应注意给犬洗澡并梳理被毛，预防皮肤病。

另外，春季也是犬各种传染病（如犬瘟热）的多发期，因此除了给犬清洗杀菌消毒外，还应当给犬屋和活动场所进行消毒，认真做好各种疾病预防工作。

（二）夏季管理

夏季空气潮湿，气候炎热，应注意防暑、防潮，预防食物中毒。犬在气温高、湿度大的环境中，由于体热散发困难，极易中暑。为防止犬中暑，应将犬屋移到通风良好、比较凉爽的地方。有条件的话可以安装空调，不但人得到了享受，且给自己所养的犬带来了福音。要避免在烈日下活动，最好早晚出去带犬，中午及下午则不应出去。如果发现犬呼吸困难、皮温升高、心跳加速等中暑症状，应赶快用湿冷毛巾冷敷犬的头部并立即移至阴凉处，请兽医治疗。同时，为防止中暑要勤给犬洗澡。

夏季，犬易食欲减退，此时应减少肉食，增加新鲜蔬菜和肉汤，多供给清水。喂量要适当，不要有剩余，对发酵变质的食物要废弃倒掉，坚决不能再喂，即使加热也会引起食物中毒，因为病菌释放在食物中的毒素，加热后不能被破坏，仍然可以引起食物中毒，甚至死亡。喂食后如发现犬有呕吐、腹泻、全身衰弱等症状时，应立即诊治。另外，应经常注意清洗眼睛和耳朵，防止皮肤湿疹。

（三）秋季管理

秋天也是犬的发情、交配、繁殖季节，在管理上要防乱配、防走失，同时应做好夜间犬屋的保温工作，防止感冒。因为秋季气温下降，早晚较凉，昼夜温差大，犬易受凉感冒。秋天温湿度合适，犬体内代谢旺盛，食欲大增，采食量增加。因此，在秋天应当饲喂营养价值高的食物，以满足炎夏期的消耗，同时为过冬做好体质方面的准备。经过一个夏季的脱毛，秋季开始换上新毛，因此在换毛期间，应当仔细梳刷，使毛长得整齐。

（四）冬季管理

冬季管理的重点应是防寒保温，预防呼吸道病和风湿病发生。一是要保持犬舍干燥，铺厚垫褥，并勤换勤晒；二是防止风的侵袭。食物应当加热后再饲喂。冬季温差大，犬很容易遭受寒冷空气的侵袭，或因管理不当，防寒保温措施不得力，引起感冒，严重者会继发肺炎、气管炎等呼吸道疾病。在天晴日暖的时候，要多带犬到户外活动，晒太阳，以增强体质，提高抗病能力。晒太阳不仅可取暖，阳光中的紫外线还有杀菌消毒的作用，还能促进钙质的吸收，有利于骨骼的生长发育，防止仔犬发生佝偻病。在冬天，适当增加含维生素 A、脂肪、蛋白质高的食物。

七、特殊部位护理

（一）耳朵护理

犬的耳朵应当经常清理，否则轻则阻塞耳道，重则造成中耳炎，严重影响犬的听力。为了保护犬的耳朵，就要经常检查犬的耳道，及时清除耳垢。如果你发现犬经常用爪子搔抓耳朵，或者用头使劲蹭地及用力摇头摆耳，这说明它的耳道有问题，你就应及时给它仔细检查，发现有耳垢就及时给它清除掉。如果是炎症应及时请兽医治疗。清除耳垢的方法是，先用酒精球将外耳道消毒，酒精棉球要稍干些，以免酒精流入耳内。然后再用2%硼酸水或3%碳酸氢钠滴耳液浸湿干硬的耳垢，待干硬的耳垢软化后，用小镊子轻轻地取出。取耳垢时一定要精神高度集中，如果犬摇动头部，要迅速取出镊子，以免刺伤鼓膜或刺破耳道黏膜。对耳道附近的长毛要定期修剪掉，洗澡时防止洗毛剂和水溅入耳道。每当洗澡完毕，要仔细查看，应将残留在耳中的水用棉球沾干，以防感染耳道化脓。

（二）眼睛护理

当犬发生某些传染病或患有眼病或异物进入眼内时，常引起犬的眼睛红肿、充血甚至发炎，眼角上往往有眼屎。清洗的方法是用棉球蘸2%硼酸水或生理盐水由眼角向外轻轻地擦拭，然后再用干的棉球擦拭眼周围粘有眼屎的眼皮，直到擦洗干净为止。擦完后，再给犬眼内滴入眼药水或抗生素眼药膏，以消除炎症。如果是由传染病引起的眼病，应到兽医院去治疗。

（三）牙齿护理

犬在吃食后，一些食物的碎渣残屑会留在犬的牙齿缝隙间。这些杂物在牙缝间发酵，引起细菌的滋生，造成炎症，影响犬的食欲。为了保护犬的牙齿，最好每周用浸生理盐水的牙刷或布给犬擦洗牙齿一次，防止炎症的发生。

（四）脚爪护理

对脚爪的日常护理和检查在预防疾病方面起着非常重要的作用。最好能够从幼犬时期就定期检查。

（1）仔细查看，是否有受伤的脚爪和异物，脚趾间是否有肿胀，脚爪上有无割伤，皮肤有无发炎和粗糙的秃斑。

（2）运动后检查它的脚爪是否有割伤、抓伤，是否嵌入有荆刺以及其他的残留物。如果犬是在粗糙的地面上行走或奔跑，尤其要引起注意。

（3）游泳、在湿草地上运动或者洗澡后，务必将湿的爪子擦干，以预防感染。

（4）可以给犬戴上伊丽莎白项圈或者给其脚爪绑上绷带，以防止犬吮吸疼痛发炎的爪子。

（5）如果怀疑犬的脚爪受到化学物品的污染，可用上述方法来防止它吮吸脚爪，并用冷水仔细冲洗受到污染的地方。

（6）定期给犬修剪脚爪。犬的趾甲过长时会影响走路，也很容易使自身受伤，要定期用合适的剪爪钳修剪趾甲，但要注意不可破坏肌层。

（五）肛门护理

要注意肛门的清洁，发现肛门腺发炎，最好请兽医将其切除。

（六）被毛护理

像萨摩耶这样的犬种对于毛质的护理格外重要。想改良被毛的光泽度，可以从饮食方面调理。每天在配餐中多添加蛋白质、维生素 E、鱼肝油、蔬菜等，还可以喂一些瘦肉、鸡蛋或植物油。有条件的可选择毛质护理配方的犬粮，这对改良被毛会更有好处。

除了饮食调理外，经常运动也会促进血液循环，可以让犬长出光亮的被毛。每天给犬梳毛后，涂少量护毛乳剂，就可以起到防止毛发打结的作用，还可以防止皮肤病的发生。同时可以喂一些脂肪酸，或使用外用美毛油来调节犬的被毛状态。

八、老龄犬的护理

（一）患病特征

老龄犬的各种器官已逐渐老化，对内外环境的适应能力和抗病能力也明显降低。由于这些生理上的特点，老龄犬一旦患病后抗病能力差，不容易恢复，所以老龄犬应该有病早治、无病早防，以免延误治疗。老龄犬患病具有如下几个特点：

（1）病情隐蔽，症状不典型。老龄犬由于机体的衰老，各器官的反应性和敏感性减退，疾病症状不典型，因此容易延误诊断和治疗。

（2）病情急，进展快。由于老龄犬各脏器功能低下，一旦发病或用药不及时即可使病情迅速发展。

（3）疗效差，病程长，恢复慢。老龄犬疾病多呈慢性、进行性，一旦患病，很难彻底治愈，如肺气肿、糖尿病等。即使是急性病，如感冒、肺炎、急性胃肠炎等，病程及恢复期均比青年犬明显延长。

（4）容易出现药物不良反应。老龄犬因胃肠功能减退，服用药物容易出现胃肠反应（如引起食欲不振、恶心、呕吐、腹泻）。另外由于老龄犬的肝、肾功能减退，肝脏对药物排泄减少，很容易蓄积体内致中毒。

（二）护理要点

根据老龄犬疾病发病的特点进行全面综合的防治，力争使老龄犬不得急性病，不诱发慢性病急性发作。为此，老龄犬护理应注意以下几个方面：

（1）精心调配饮食。首先要提供均衡营养，不但食物的质量要好，蛋白质、脂肪含量丰富，而且要易于咀嚼，便于消化。大多数老龄犬由于活动减少而变得体态笨拙，此时要控制食量，多饲喂含纤维素的蔬菜类食物。

（2）带犬适度活动。老龄犬身体衰退，活动能力降低，要带犬外出适度活动。运动的时间一般选在餐后1小时，白天每间隔3~4小时进行散步1次。每次运动的时间不要超过半个小时，运动的方式以散步和慢跑为主。如果是夏天，一定要避开最热的时间，可在凉爽的早晚进行，并要保证有充足的饮水以防中暑。另外，老龄犬的肌肉和关节的配合及神经的控制协调功能都远不如青年犬，骨骼也变得脆弱。因此，不能让老龄犬做复杂、高难度动作或强制犬进行运动，以防肌肉拉伤和骨折。

（3）定期免疫接种。因为老龄犬的免疫力下降，对疾病特别是传染病的抵抗力减弱，更需要通过免疫接种获得免疫力。每年必须定期进行一次免疫接种，出现疫情时，还要加强免疫。

（4）保持犬身清洁。老龄犬应坚持每天梳理被毛，改善皮肤血液循环，清除被毛内的污物或外寄生虫，及时发现皮毛的早期病灶。对于眼、耳、鼻、肛门和阴部等部位也要经常擦洗，保持干净。

（5）保持环境清新。老龄犬抵抗力较弱，易受自然环境的影响，特别对冷、热、湿适应力差，因此，老龄犬的犬舍应通风，干净、卫生，采光良好，温、湿度适宜。

（6）定期检查身体。老龄犬必须做到定期健康检查，每年至少两次，通过检查及时了解健康状况，以便及早发现病情、尽早治疗。

九、犬的美容

（一）毛发标准

考查萨摩耶犬毛发质量的标准不是数量多少，而是是否具有抵御不良气候环境之功效，内层绒毛短小、柔软、致密；外层毛粗糙、耸立于躯体表面，没有环卷儿。毛发环绕脖颈和肩部形成流苏儿"翎羽"，公犬比母犬丰盈，围绕脑袋，像狮子那样威严无比，毛闪动银光，更显王者风范。母犬被毛长度略逊于公犬，但质地很柔软，以显温和之本性。

（二）美容方法

洗澡前先通刷一遍，除去结节或粘发团，用棉球塞住耳道眼儿，进行全身性淋浴。选用质量好的漂白香波，无须搓揉，轻轻挤压皮肤，然后冲洗。若有必要可重复以上操作。毛巾擦拭后电热风吹干，若天气允许也可自然风干。干后用长钉刷进行刷理，使毛发直立。取出耳道中的棉球，清洁耳内部。

用滑石粉和纱布清理牙齿，修剪爪部皮肤（包括爪垫），以下工作也不能遗漏：修剪脚边、跗关节，削刮眉毛和硬胡茬儿，剪指甲（趾甲）使其齐平于下面的肉垫。除此之外不需要别的修剪，否则会弄巧成拙。

第五章　萨摩耶犬的训练与调教

一、训练原则

从萨摩耶犬到家的第一天开始，无论是幼犬还是成犬，我们都必须对它进行训练，以便使它更好地适应家庭生活，让它变得乖巧、有礼貌，可以与每个家庭成员和睦相处。所以，在训练中遵循"循序渐进、由简入繁、因犬制宜、分别对待"的原则是至关重要的。

（一）循序渐进，由简入繁

"循序渐进，由简入繁"就是分阶段、有步骤地先易后难、由低到高逐渐培养犬的能力。因为犬的每一种能力的养成，都不会是一下子就能达到的。幼犬时期的体质锻炼、兴奋性培养、环境适应性锻炼是为犬的服从科目和调教犬的不良行为打基础的；逐一形成简单动作的条件反射，是为进一步培养犬的复杂能力打基础的。

（二）因犬制宜，分别对待

"因犬制宜，分别对待"是指在训练过程中应根据犬个体的特点，有区别地采取相应的对待方法来调教犬。由于每头犬的神经类型、性格特点和训练目的不同，所以在训练中，应因犬制宜，分别对待，否则采取最好的训练方法也是无效的。例如：对食物反应较强的犬，可多用食物刺激；对胆小的犬，要用温和的语气调教，轻巧的动作接近，并耐心诱导。总之，要针对犬的特点进行训练。

二、训练方法

（一）诱导训练法

诱导训练法是主人采用一定的诱导刺激（诱导手段）来引起犬兴奋，使犬做出一定的动作的方法。它主要是利用食物刺激、新异刺激、人的动作三种引诱刺激方法进行训练。

（1）食物诱导法：食物诱导法是利用犬对食物的兴奋来诱使犬做出一定动作的方法。例如训练卧下科目时，主人发出"卧下"口令的同时，用食物在犬鼻端前方慢慢往前下方移动，犬自然地做出卧下的动作，而后即用食物给予犬奖励。这样反复训练的结果，犬对"卧下"的口令就形成了条件反射。

（2）新异诱导法：新异诱导法是利用犬对新异刺激的探求反应诱使其做出一定动作的方法。例如训练"前来"科目时，主人用塑料矿泉水瓶装上一些小的石块后，不断摇动，发出"沙沙"响声，在摇动的同时下"来"口令，犬出于探求，必然前来到主人身边，来到身边后立即给予犬奖励。

（3）动作诱导法：动作诱导法就是主人故意做出某些动作引起犬兴奋而诱使犬做出一定动作的方法。例如训练"前来"科目时，主人发出"来"的口令后迅速往后跑或主人蹲下身来拍手，主人的这种诱导动作可以提高犬前来的速度。

诱导训练法的优点是可以使犬迅速形成条件反射，另外利用诱导手段形成的科目，犬的动作表现兴奋、活泼、自然，并能巩固和增进对主人的依恋性。但是，诱导训练法也有其缺点，即利用该法训练形成的科目易受外界干扰，不易巩固。另外，对食物反应不强的犬或饱食后，用食物诱导训练将失去作用。

（二）强迫训练法

强迫训练法是采用压迫、抖动牵引带（牵引链）等方法，迫使犬完成动作或控制其行为的方法，也称为"机械刺激法"。最常用的是用牵引带对犬进行刺激。在带犬训练时，如果犬不按主人的意图行事，可以拉牵引带，迫使其不能做违背主人意愿的事。例如在训练"坐"科目时，主人发出"坐"的口令的同时，左手向上提拉犬的脖圈，右手向下按压犬的腰角，当犬受到压力刺激而做出"坐下"动作时，立即给予奖励。

这种方法适用于兴奋型和灵活型的犬，但应注意到这种方法使犬产生一定的畏惧心理，使犬对主人的信任度会下降，依恋心理会受到影响，对训练的兴趣下降。所以主人在训练中使用机械刺激时，一定要注意刺激的力度。强迫训练法的好处是在强迫作用下，犬必然做出相应的动作，并能保证这种姿势的固定不变；如果运用机械刺激去支持口令，还能使已经形成的条件反射进一步得到巩固。强迫训练法对幼犬的影响较大，使用时要注意。

(三) 诱导和强迫结合法

该法是将诱导训练法和强迫训练法结合起来使用的一种训练方法。由于是将两种方法结合起来使用，吸收了两种训练方法的优点，而克服了两种训练方法的缺点，既使犬迅速完成动作，又保持犬的兴奋性，不至于使犬被动，所以在训练中常使用这种方法。

(四) 模仿训练法

模仿训练法是指利用其他犬的行动刺激来诱发模仿犬的兴奋性，使其做出相应的动作。这种方法可以生动有效地让犬明白要做什么，训练效果有时是机械刺激法所不及的。吠叫、游泳、通过障碍物等科目，采用这种训练方法都能收到良好的效果。

(五) 机会训练法

机会训练法是一种辅助方法，是指主人在日常对犬的管理中，当犬有做出某些动作的动态时随机利用，为条件反射的建立打下基础。例如在散放中，当犬对外界某一刺激产生兴奋有吠叫表现时，主人就乘机发出"叫"的口令，犬吠叫后即给予充分的奖励。这样多次训练，犬就可以形成条件反射。

(六) 周围环境利用法

驯犬是一种既要动手又要动脑的工作，需要掌握一定的方法技巧，充分利用周围环境进行训练可以起到事半功倍的效果。例如，利用狭窄通道训练犬的后退科目。后退科目要求犬能够按照驯犬员的口令、手势，面朝驯犬员以直线向后运动。首先设计一个只能容得下犬身宽度的狭窄通道，然后将犬放入该通道内，驯犬员用一个物品逗引犬，待犬注意力集中在物品上时，呼唤犬名并逗引犬向身后走。在这样狭窄的地方犬难以转身，前路又不通，犬就会被迫将身体后移，此时驯犬员马上对犬进行奖励。当犬对后退的口令、手势建立起条件反射后，要适当加长其后退的距离，再对其进行奖励。多次训练后，犬就学会了后退科目。又如利用墙角训练犬的坐立科目等等。

上述几种训练方法不能认为是绝对的，使用某种训练方法的效果如何，主要在于主人掌握和运用是否恰当。因此，要求主人在实际训练中，根据不同类型的犬和不同科目正确地加以综合运用。

三、训练手段

（一）诱导

诱导是指主人使用犬喜爱的食品或物品诱使犬做出某种动作，或利用犬自发性动作，通过与口令、手势的结合使用，以使其建立条件反射或增强训练效果的一种手段。利用这一手段进行训练通常也称为"诱导训练法"。

1. 使用对象

诱导手段对幼犬的调教和培训最为适宜，多用于幼犬的调教和训练的初期。

2. 使用特点

使用诱导手段，虽然有利于加速能力的培养，但只能作为辅助手段使用，因为它不能保证犬在任何情况下都能顺利地、准确地做出动作或完成任务。

3. 注意事项

（1）诱导手段在使用中要注意与强迫手段相结合。在调教和训练中二者有机结合可以互补，通过诱导能调动犬的积极性，结合强迫能起到动作"整形"和增强服从能力的作用，有利于纠正犬的不良行为。

（2）诱导手段不能始终不变地使用，更不能取代主人的口令，使用不当就会产生非诱不动、令而不行等不良习惯。因此，在训练中主人要逐渐减少直至取消诱导手段，完全靠口令指挥犬。

（3）诱导手段使用的时机，最好是利用犬的某种欲望正处于与所训科目或动作要求相适应的条件下进行，这时使用诱导手段可取得最佳效果。

（二）强迫

强迫是指主人使用机械性刺激和威胁性音调的口令，迫使犬准确地做出相应动作的一种手段，同时强迫还具有动作"整形"作用。这一手段通常也称为"强迫训练法"。

1. 使用对象

强迫训练法主要用于后期训练。

2. 使用特点

为了规范犬所做的动作，加强其条件反射，可使用强迫手段。在外界诱因的影响下（如犬和其他犬一起玩或犬正在乱嗅地面），犬不能顺利地按照口令、手势做出动作时，也可使用强迫手段。此法必须与奖励相结合，即每当犬被强迫做出正确动作后，都必须给予充分的奖励。

3. 注意事项

强迫手段如果要用就要用得及时、适度。所谓及时就是犬一出现不执行口令的苗头，就要抓住这一时机立即进行强迫执行而不迁就。否则，就会养成有令不行的毛病，甚至酿成其他不良习惯。所谓适度就是强度要适当，强迫有效果。既然采取了强迫手段就一定要达到目的。

（三）禁止

禁止是指主人为了制止犬的不良行为而采用的一种手段，实质上是一种对犬的惩罚，只能用于犬发生不良行为时。犬的不良行为是指不利于训练的一些恶习而言的，如随地捡食物吃，接受他人食物，随意咬人、家禽、家畜等行为。当犬不执行口令或执行口令较慢时，只能采取强迫手段，而不能用禁止方法。

1. 使用对象

犬有犯禁的欲求行为时或犯禁初期，制止才有效。事后禁止，非但无用，反而会使犬神经发生错乱，不知所措。因为犬没有"悔过"的思维活动。

2. 使用特点

通过主人的威胁音调发出"非"的口令，同时伴以强有力的机械刺激来达到训练目的。

3. 注意事项

使用要及时，当发现犬有犯禁的苗头时或犯禁的初期时就要及时使用。在使用禁止手段时，态度要严肃，语气要坚定，但不得体罚犬。态度严肃，绝不是打骂的代名词。在犬停止犯禁后，应立即奖励，以缓和犬的紧张状态。

（四）奖励

奖励是为了强化犬的正确动作，巩固犬已养成的行为，调整犬的神经状态而采取的一种手段。在犬的训练中奖励极为重要，但要运用得法，否则收不到良好的效果。

1. 使用对象

为使犬对新训科目迅速建立条件反射，或巩固犬已养成能力的条件反射都需要奖励。每当犬能根据口令或手势做出正确的动作时，要及时给予适当的奖励。

2. 使用特点

奖励的方法有给犬美食、抚拍、游散和"好"的口令表扬、犬衔取物品等。这几种奖励方法结合使用，效果会更好。经常使用"好"的口令表扬犬，让犬明白自己做得不错，犬会有满足感；使用食物来奖励犬比较普遍，可多用于服从性科目；抚拍能使犬得到一种爱抚，给犬一种舒适的感觉，可以用手抚摩犬的头顶或轻拍犬的前胸或肩胛部，也可轻挠耳根周围；游散是让犬自由活动，可以满足犬的运动欲或游戏欲；犬衔取物品是为了满足犬的衔取欲。

3. 注意事项

奖励犬时，主人的态度要和蔼可亲，语调要温和，这样才能使犬产生同步感应，激发犬的兴奋性；奖励必须及时，只有及时奖励才能起到表扬犬的作用，如果滞后奖励，犬不明白你为什么会奖励它；在训练过程中，无论萨摩耶犬取得的成就大小或进步快慢，都要适时给犬一定的表扬和奖励，以巩固和扩大它所取得的成果。

四、训练要诀

训练就是要让犬学会懂得主人的口令或手势，服从主人的命令。一头训练有素的犬，不仅有利于日常护理，而且能使犬和主人充分交流，生活在融洽的气氛中，并且能避免因犬不听话而发生意外。所以，养犬爱好者都应该对自己的犬进行服从性训练。同其他工作一样，掌握训练要诀可以使驯犬员少走弯路，能收到事半功倍的效果。

（一）主人是领导者

养犬就如同养小孩一样，主人就如同犬的领导者，他必须具有父母般的亲情和立场来与犬接触。听从领导者的指挥行动是犬的习性，犬会记住主人用语言或行动所表示的命令，并做出反射性行动，所以主人应常站在优势立场，同时应以简单易懂的态度来对待犬，这样才能使犬的精神稳定，也较易教养。

（二）从幼龄开始调教

调教犬最理想的时期是在 6 月龄至 3 岁，这就是"趁热打铁"的道理。一旦犬成年后，它的习性就已经确定，要纠正它的不良习惯，往往要花费数倍的时间和精力，而且才可能教会它一件事。

出生后 2 个月左右，在小犬离开母体自行活动时，这时就应该让它学会在固定地点大小便。3 个月之后，再根据犬的发育情况一步一步地让它学会各种教养行为。如果是新购买的一头成年犬，则应迅速建立起亲和关系，然后再进行训练和调教。

（三）首先教它大小便

调教犬的第一步就是从上厕所开始，使犬养成在固定地点排便的良好习惯。具体调教方法将在后面详细阐述。

（四）日常的基础教养——饮食

饮食的教养同排便一样也是日常生活中很重要的调教部分，要特别注意。首先把饲料放入餐具中，并放在犬的面前，当犬做势想吃时，就大叫一声"等一下"，同时按住犬，然后说"好了"再让犬吃。总之，要在一定的时间，让犬养成需经主人的允许，才可进食的习惯，这也是饮食的一种礼节。这种方法不但可以让犬学会不贪吃别人的食物，或随地捡食，同时也可以训练犬分辨出主人的命令。

每次犬进食之后，即使还剩下食物，也务必要收拾干净，也就是让它养成在一定时间内用餐的习惯。假如进食时掉了满地，可让犬吃干净再加以赞许。

（五）要有爱心和耐心

犬与人一样具有不同的个性，智能与身体发育的情形也不相同，所以主人必须仔细观察自己的爱犬状态，然后配合其状态，耐心地教养。除耐心之外，主人更需有爱心做基础，把所饲养的犬视为家庭的一员，训犬时不能因自己的心情忽而娇惯犬，忽而训斥犬，这都会让犬感到困惑。要始终运用愉悦的、鼓励性的语气表扬它的动作。

（六）避免长时间调教

调教训练的时间不宜太长，每天每次短时间的训练更有效果。最初为10～20分钟，早晚各一次，这样的训练效果要比每天训练2次、每次1小时的效果好，能使犬保持新鲜感，不至于对所学的东西感到厌倦。如果仔犬兴趣盎然，还可适当延长时间。

（七）反复训练要记住

犬的学习实际上是一种条件反射，因此必须重复训练才能使犬学会某些动作。通过多次训练，犬才能加深记忆，掌握所学的东西，但训练内容必须生动有趣且富有新意，这样才能避免犬因过于单调的训练而产生抵触情绪。另外，不应要求犬在一天之内就掌握所学的东西，要日复一日地进行复习，使犬的能力不断地巩固、提高。另外，最好每天安排一定量的训练，从而保持训练的连续性，这样犬的能力才能不断提高。

（八）训练环境很重要

初期训练时，为避免干扰，应在犬熟悉的清静环境中进行，随着犬的能力提高或复习已经理解的东西时，可在稍复杂的环境中进行。当犬已经完全掌握所学的东西时，可在更为复杂的环境中进行，以提高犬的抗干扰能力。

（九）要保持训练余兴

犬和人类一样，也有七情六欲。犬的心理特征可以通过面部表情、身体姿态和动作等身体语言毫不掩饰地表现出来。在训练中，可以充分利用犬的心理状态，对训练的时间、强度做适当的调整。在犬心情愉快时训练最佳，训练时间也可适当延长以加快训练进程。在训练过程中，需要让犬保持良好的心情，训练一段时间后短暂休息一下，陪犬一起玩玩游戏，抚摸它的身体，给犬奖励，保持犬训练的余兴。长时间高强度的训练往往会使犬感到疲倦，容易使犬对训练产生逆反心理，因此，当犬流露出失望、疲惫的表情时，应立即结束训练。

五、幼犬训练

犬成长最快的是在出生后至成年近一年的时间里。这期间大脑逐渐发育完善，也是犬学习的关键时期。一般认为，6月龄至3岁为训练犬的最佳时期。但不要认为，犬已经长大了，恐怕不能再训练了。事实上，无论多大的犬都能接受训练。不过，和幼犬时期训练相比，成年犬则要花上更多的体力和更大的耐心。如果以前没有花时间来训练爱犬或放任其自由习惯，犬很有可能养成不良习惯，对此我们得付出一些时间来纠正其不良行为，但无论如何应对家养犬抱有信心，经过训练一定能调教好。

（一）体质锻炼

体质锻炼作为幼犬训练过程中的一个重要环节，必不可少，幼犬具有充沛的体能和强健的体质是一切训练的基础，同时体能训练与幼犬兴奋性和持久性也有着密不可分的联系。体质训练的目的是为了使幼犬在以后的生活和训练中保持强健的体质和足够的体力。体能训练的要求是：训练中要循序渐进，逐渐增加训练量，并注意与其他训练交替进行，以保证训练的综合效果。

1. 步骤和方法

幼犬体能训练应按以下步骤和方法进行：

第一步，在启蒙培训阶段，体能锻炼应在幼犬较熟悉的环境中进行，单犬每天体能锻炼（跑步）不得少于400米，可与其他训练内容结合进行。时间约为3周。

第二步，在初级培训阶段，根据犬的实际情况，可带幼犬在稍复杂的环境中进行体能锻炼，这一阶段可把体质锻炼与环境锻炼相结合，幼犬每天体质锻炼（跑步）不得少于 600 米。训练时间约为 8 周。

第三步，在常规培训阶段，幼犬的体能锻炼可与环境锻炼和综合训练结合进行，可以到田间地头、车马行人集中的集市等各种复杂环境中训练，也可与运动游戏、衔取、搜索等训练内容结合起来进行训练，犬每天的训练量不得少于 800 米。本阶段训练时间大约为 9 周。

2. 注意事项

在幼犬体质锻炼过程中，主要应注意以下事项：

（1）在幼犬进行体能训练的过程中，应注意循序渐进的原则，不能进行超过幼犬承受限度的超强训练，这样会适得其反。

（2）在训练过程中，尤其到了车辆和行人较多的环境，应特别注意人犬安全，既不能使幼犬受伤，又要注意幼犬不能影响到他人，以免带来不必要的麻烦。

（二）适应环境

幼犬的环境适应性训练是个循序渐进的过程，因此，在进行环境锻炼时应遵循一定的程序和步骤。首先应让犬在熟悉的环境中进行训练，然后逐渐过渡到陌生环境中进行训练和复杂环境中进行训练。幼犬环境适应性训练的目的主要是为了使幼犬适应不同环境下的训练，为以后犬在不同环境下的训练打下坚实的基础。

1. 步骤和方法

幼犬环境适应性训练应遵循以下步骤和方法：

第一步，幼犬已熟悉环境的适应性训练。环境适应性训练是循序渐进的过程，因此，幼犬应首先在熟悉的环境中进行训练，养犬户在刚接到幼犬一周的时间内尽量在幼犬熟悉的生活环境中进行散放和训练。

第二步，在幼犬适应了生活环境之后，可逐渐带幼犬到周边较清静的地方进行适应性训练。

第三步，幼犬适应了周边清静环境之后，便可逐步带其到周边较复杂的环境中进行适应性训练。

第四步，幼犬可进入复杂环境中进行训练。本阶段可带幼犬到田地、集市、公共场所等进行适应，也可带犬进行乘车训练。总之，幼犬的环境适应性训练就是要让幼犬适应不同的环境。

2. 遵循原则

在进行幼犬环境适应性训练过程中，应注意以下原则：

（1）安全原则。在进行环境适应性训练的过程中，由于幼犬进入陌生环境，因此必须牵拉进行，并确保幼犬的安全，同时注意控制幼犬不能影响到他人。

（2）循序渐进的原则。在进行环境适应性训练的过程中，我们应把握循序渐进的原则，逐步让犬适应。千万不要急于求成，一开始就把幼犬带入复杂环境进行训练，这样不仅不能取得应有的训练效果，而且还会适得其反，使犬越来越害怕进入陌生环境，这种习惯形成以后就很难改变了。

（3）多样化训练的原则。幼犬能在各种复杂环境下进行正常的训练。

（三）兴奋性培养

兴奋性的培养对幼犬的训练起着至关重要的作用，幼犬是否具有强烈的兴奋性，对幼犬下一步的训练具有很大的影响。

1. 培养方法

培养幼犬兴奋性，通常有以下几种培养方法：

（1）拔河游戏。拔河游戏是利用幼犬的猎取本能进行的一项游戏，是幼犬培训过程中贯穿始终的游戏，是通过利用幼犬的猎取本能来进行亲和培养的一种方法。我们知道，幼犬具有天生的游戏欲望和追逐猎物的欲望。因此，我们可以利用幼犬的这种本能来进行亲和关系的培养。具体方法为：在训练之前，主人用柔软的棉织品做成球状或棒状的衔取物，然后做好钓竿。准备好训练物品后，可将幼犬放出犬舍，用物品进行吊引幼犬，当幼犬衔住物品后，可一边下"好"的口令，一边抚拍犬，同时与幼犬进行"拔河游戏"——犬主人拉住物品的另一头，与幼犬轻轻进行拉扯，一边拉扯一边下"好"和"衔"的口令，不断地鼓励和表扬犬。拉扯后，主人应假装处于弱势，把物品让犬获得，让犬感到自己每次都能抢赢主人，逐步增强犬与主人争抢物品的欲望，从而达到培养衔取和加强亲和关系的目的。

（2）运动游戏。运动游戏主要是指利用幼犬的自由本能和好动心理进行的一项游戏。具体方法为：准备好奖食和物品（不要让犬看到，藏在身上），牵犬找一块空旷场地，放开幼犬，一边呼唤犬名，逗引犬，一边跑动，同时下达"来"的口令，当犬前来时，一边下达"好"的口令，一边蹲下，当犬到达身边后，立即用食物奖励幼犬，并给犬以适当的抚拍。在整个运动过程中，应不断变速跑动，多进行曲折跑，往返跑，不断变换跑动方向和路线，始终让犬保持注意力集中在主人身上。

（3）捉迷藏游戏。这一方法主要是利用幼犬的好奇心理和探求欲望与犬进行游戏。具体方法为：准备好犬的玩具和食物，让助训员拉住幼犬，主人一边跑开一边喊犬前来，此时拉犬的助训员不要放犬，等主人藏好后再放开犬，让犬积极主动地寻找犬主人。当犬找到犬主人时，犬主人应及时发出"好"的口令，并给予抚拍奖励，再带犬跑动，给犬以很好的食物或物品奖励，让犬充分感受到游戏的快乐，从而达到培养游戏欲的目的。

2. 注意事项

（1）在进行运动游戏的过程中，犬主人应注意时刻观察幼犬的行为特点和行为表现，适时对幼犬进行调引，并采取相应手段，对犬进行及时强化。犬前来后，注意不要急于用手去抓犬，而应给犬以及时的强化和鼓励，保证幼犬每次都积极兴奋地前来。

（2）在进行捉迷藏的过程中，主人选择躲藏地点应便于幼犬的强化训练，助训员放犬时机应选择犬注意力集中、主人刚藏好的时候，不宜过早放犬也不宜过迟放犬，否则，会影响整个训练的效果。

（3）在口令的运用上，应准确及时。当犬顺利前来时，应及时下达"来""好"的口令。在进行搜索游戏的时候，在幼犬发现物品时，应及时下达"衔"和"好"口令。同时注意在抚拍犬的时候，要充分地表现出主人发自内心的兴奋和高兴，用主人的情绪感染犬，这样会加快训练速度。

（四）乘车锻炼

犬乘车外出是经常遇到的事。但有的犬并不适应乘车，因此要加以训练。进行乘车训练最好是在幼犬时期，先令犬敢于靠近车辆，并逐渐敢于到静止的车上进行玩耍、游戏。在初始阶段可以采用以下几种方法进行车辆适应性训练。

1. 利用犬对食物的条件反射

对那些食欲强的犬，把食物抛到车上，让犬去吃，或者把犬的食盆端到车辆旁给犬喂食，犬的注意力就会转移到对食物的欲望上来，而忽略了车的存在。这种训练方法是利用犬的食欲，以食物为诱饵，引导犬到车辆的旁边以及车辆内部，再通过食物奖励来强化和巩固犬对车辆恐惧心理的消除，加速犬乘车能力的形成。

2. 利用犬的占有欲望

把犬喜欢的物品抛到车辆的附近，令犬去衔取，由于犬对物品有着强烈的占有欲望，在物品的刺激下，犬会忘记车辆而去追逐物品。在犬衔取之后，一定要与犬进行拔河游戏并充分奖励犬，要故意在车辆的附近调引犬，切记不可在车辆附近刺激犬，否则易引起犬的防御心理，使犬对车辆产生恐惧心理，不敢靠近车辆。

3. 利用犬的学习心理

掌握了犬的学习心理，而且训练方法适当，犬的学习速度就会比较快。令已经完成乘车训练的犬和初训的犬一起进行车辆训练，由于犬都有模仿和学习心理，所以能很快地使初训的犬对车辆消除恐惧感，达到训练的目的。

在达到训练要求的基础上，不要令犬长时间地待在车上，要让犬上车后先活动一会儿，使犬在静止的车辆上表现自如，然后再把犬带下来，主人对其抚拍并给予奖励。随后几天，连续重复这种做法，当犬兴奋而自然地进入汽车时，就可以发动汽车而不行驶，使犬对发动着的汽车适应。在犬对车辆的恐惧感消失之后，就要进入实际意义上的乘车训练阶段，也就是在运动的车上训练犬的乘车适应能力。起初要主人与犬一起乘车，车辆行驶一定要慢而匀速，不要忽快忽慢，使犬慢慢适应车辆的行进，这个时候主人要用口令并抚摸让犬情绪稳定下来，并使用犬特别喜欢的物品与犬进行游戏，来转移犬的注意力。缓缓开车 10～20 分钟后就把犬放下来，然后主人下车与犬玩耍，对食欲强烈的犬可以饲喂一些犬粮，让犬忘记乘车时不愉快的感觉。在训练数日之后，车辆的速度可以不断变快，直到犬对快速行驶的车辆急停都能适应之后，就可以到特别颠簸的路面上进行训练。在犬能适应短暂路程的行驶后，可以逐渐延长犬的乘车时间，直到犬在长途行驶的车上入睡，就达到了最佳的训练效果。

六、成犬训练

(一) 坐

1. 口令

口令："坐"。

2. 手势

正面坐：右大臂向外挥出，小臂向下伸直，掌心向前成"L"式。

左侧坐：左手轻拍左腹部。

3. 训练方法和步骤

第一步，建立犬对口令、手势的基本条件反射。左侧坐的训练方法是：犬主人先让犬靠左侧站好，然后发出"坐"的口令，同时用右手上提脖圈，左手按压腰角。当犬在这种机械刺激的作用下，被迫做出坐的动作后，应立即予以奖励。经过这样多次重复训练，犬就形成了条件反射。在此基础上，再结合手势进行训练，即下达口令的同时，做出左侧坐手势，指挥犬坐好，当犬对左侧坐初步形成条件反射后，再在随行时继续训练，即在途中停步侧坐，而后再随行，如此反复训练。正面坐的训练方法是：犬主人用左手握住牵引带，将犬引导至自己的对面，右手做出手势，接着发出口令，同时用左手上提牵引带，迫使犬坐，当犬坐下后，立即给予奖励。通过这样反复训练，犬就能对正面坐形成条件反射。（图5-1、图5-2）

图5-1　上提脖圈的同时，左手向下按压腰角训练犬学会坐

图5-2　当犬明白"坐"的口令和手势之后，主人在稍远的地方用口令和手势指挥犬，令犬坐下

第二步，训练犬长时间坐着。犬主人令犬左侧坐或正面坐后，手持牵引带一端，慢慢地离开犬一二步远，如犬在犬主人移动时，有起立欲动的表现，应重复"坐"的口令，并伴以提拉牵引带的刺激，使犬在原来位置上重新坐好。训练初期只要求犬能在10秒种内不动，就应立即给予奖励。以后，再逐渐延长犬坐的时间，采取边巩固、边提高的方法，达到能坐5分钟。在培养

坐延缓的同时，也要逐渐延长犬主人与犬的距离，采取由近及远、远近交替的方法，直至离犬 20 米以外隐蔽起来，犬仍能坐着不动。

第三步，在复杂环境中训练犬执行"坐"的口令。当犬在清静的环境中能顺利地服从指挥做出动作后，就可使训练环境逐渐复杂化，以锻炼犬增强抗干扰的能力。在条件环境复杂的情况下，犬的动作易受外界刺激的影响，因此要适当地运用强迫手段，使犬逐渐适应。

4. 注意事项

（1）按压腰角的部位要准确。

（2）纠正自动解除延缓要及时，最好是在犬欲动而未完全动时纠正，同时，刺激量要适当强些。

（3）对兴奋性高的犬，在培养坐延缓时要耐心，每次要求不能过高，提高的幅度不要太大。

（4）在延长距离坐延缓训练中，犬主人每次都要回到犬跟前进行奖励，不能图省事唤犬前来奖励。

（5）在训练初期，延缓时间和延长距离最好不要同步进行训练，应遵循循序渐进的原则。

（二）卧

1. 口令

口令："卧"。

2. 手势

正面令犬卧的手势是右手上举，然后向前平伸，掌心向下。左侧卧是以右手从犬面前向前下方挥伸。

3. 训练方法和步骤

训练犬对"卧"的口令、手势形成条件反射。

方法一：犬主人令犬坐于左侧，将右腿向前迈出一步，身体弯向前下方，然后用持肉块的右手先对犬进行引诱。当犬想要获取驯犬员手中的食物时，就趁机持食物向犬嘴的前下方慢慢移动，同时发出"卧"的口令，并以左手伴以向前下方扯拉犬脖圈的刺激。这样犬在食物引诱和机械刺激作用下便会做出卧下动作。当犬卧下后，就及时给以食物奖励。稍停片刻，再令犬起坐。

以后随着条件反射的逐步形成，可将食物和机械刺激减少或取消，直至犬完全根据口令和手势卧下为止。（图5-3）

方法二：令犬左侧坐下，犬主人做左腿后退一步单腿跪下的姿势，左右手从犬背伸过去握住犬左右前肢，在发出"卧"的口令的同时，将犬的两前肢向前引伸，并用左臂

图5-3　食物诱导犬学会卧动作

轻压犬的肩胛，犬在机械刺激的迫使下就会做出卧下的动作。使用这种方法，食物和抚拍奖励一定要及时。对皮肤敏感的犬不宜采用此法。（图5-4、图5-5）

图5-4　用强迫法（向下按压肩胛）使犬卧下，然后给犬奖励

图5-5　当犬明白"卧"的口令和手势之后，主人在稍远的地方用口令和手势指挥犬，令犬卧下

4. 注意事项

（1）犬卧下后，如出现后肢歪斜等毛病时，犬主人要及时纠正，但要注意方法，以免破坏整个动作。

（2）卧下和坐不要经常联系训练，以免犬产生卧后自动坐或坐下后自动卧的不良联系。

（三）立

1. 口令

口令："立"。

2. 手势

右手向前自然平伸，掌心向上。

3. 训练方法

（1）培养犬在主人左侧立的能力。让犬在主人左侧坐好。这时主人发出"立"的口令，同时右手握脖圈，左手深入犬下腹，向上轻托。当犬立起后，主人及时发"好"的口令并给予食物或物品奖励。这样反复训练，犬便对口令形成了条件反射。另外，当犬在主人侧面保持坐或卧的姿势时，主人将牵引带拴在犬背腹部，发出"立"的口令，同时向上提拉牵引带。犬立起之后，主人及时发"好"的口令并抚拍奖励。经过多次这样的训练，犬会很快形成条件反射。（图5-6、图5-7）

图5-6　犬在主人左侧坐或卧下，主人发出"立"的口令，左手深入犬下腹，向上轻托

图5-7　主人用牵引带做成圆环，发出"立"的口令后，帮助犬站立起来

（2）培养犬在主人正面立的能力。在清静环境下，使犬熟悉环境，然后令犬在主人面前呈坐或卧的姿势。主人发"立"的口令，同时左手持牵引带，右手做出手势，左脚伸入犬下腹轻轻向上挑，迫使犬立起之后，主人及时发"好"的口令并抚拍犬，然后令犬游散。这样反复训练，犬便可建立对口令、手势的条件反射。另外，在犬游散或自然站立的基础上，主人可抓住时机，及时发"立"的口令，同时做出手势。在犬立起并保持2～3秒后主人再及时发"好"的口令并对犬抚拍奖励，然后令犬游散。（图5-8）

（3）距离指挥训练，需要在犬立的延缓能力巩固的基础上（由近及远、远近结合）进行。主人令犬游散片刻后，令犬在自己左侧坐好，然后左手持牵引带在距离犬1米处，面向犬发"立"的口令并做出手势（图5-9）。若犬做出立的动作，主人及时奖励；若犬不执行动作或动作缓慢，主人应及时到犬跟前给予犬向上轻挑下腹的刺激。在犬立起来之后，主人及时给予奖励。

图 5 - 8　主人下"立"的口令，右手做出手势，左脚伸入犬下腹轻轻向上挑，使犬站立起来　　图 5 - 9　当犬明白"立"的口令和手势之后，主人在稍远的地方用口令和手势指挥犬，令犬站立

这样反复训练，再逐渐延长距离，直到 30 米以外。当距离指挥犬立起之后，如果犬向前移动，主人应该迅速跑到犬前，双手握脖圈把犬送回原处，同时用威胁音调重复几次"立"的口令。也可借助助训员的作用，助训员把训练绳拴在犬背腹部，当主人发出"立"的口令时，助训员及时向后提拉训练绳，迫使犬立起，并保持延缓。另外，还可找一个高 1 米左右的平台，让犬在平台上保持坐或卧的姿势。主人左手持牵引带，先发"立"的口令，并做出手势，在犬立起之后，主人及时发"好"的口令，然后让犬前肢在平台边缘保持延缓，防止犬向前走动。经过多次这样远近结合的训练，再逐渐把犬转移到地面上，并经过几次由平台到地面的转换，避免犬站立起来后向前走步。

4. 注意事项

（1）刺激方法得当，部位准确，刺激量适宜，防止犬产生抵触心理。

（2）训练初期不可在立的基础上训练"前来"，防止破坏立的延缓。

（3）奖励要及时、充分，奖励方法应多样化。

（4）掌握好训练的次数，防止犬抵制。

（四）延缓

1. 口令

坐延缓的口令为"坐"，卧延缓的口令为"卧"。

2. 手势

令犬坐或卧的手势。

3. 训练方法

此科目在训练过程中分时间和距离两个阶段指标来顺次完成。在时间延缓的条件反射形成的基础上再进行距离上的延缓。训练方法分主人训和助训员辅助训两种。下面以坐延缓为例，介绍延缓科目的训练方法。

（1）主人个人训练方法：首先令犬坐，主人手持牵引带站于犬身侧或正面。如果犬乱动，主人应立刻重复口令并用牵引带刺激犬使之维持坐势不变，犬只要维持坐姿30秒即可奖励犬。随着重复次数增加，犬只要在3分钟内保持坐姿而延缓稳定即可进行下一阶段，即距离延缓训练。其方法是在时间延缓基础上，主人慢慢离开犬，距离要由近逐渐及远。在此过程中如犬自动解除延缓，主人应立刻用牵引带刺激犬回原位坐好。如果犬能在3米内保持延缓3分钟即可对犬施以奖励。随着重复次数增加，距离的增加，应使用长绳来控制犬，以防止犬自动解除延缓。如果主人能离开犬达到30米以外，时间达到5分钟，此科目的基本条件反射即已形成。

（2）助训员辅助训方法：此方法基本上与个人训方法相同。所不同的是刺激犬的工作由助训员来完成。此方法的优点在于能及时地纠正犬自动解除延缓毛病。但胆小犬不宜采用此法。

在训练后期，为了提高延缓能力，可带犬到复杂环境中进行训练。（图5－10）

4. 注意事项

（1）在延缓训练过程中，纠正犬自动解除延缓而游散时应及时，并将犬带回原处。

（2）在奖励犬时一定要回到犬身边进行。

（3）此科目不与"前来"结合训练。

（4）防止有突然或惊吓犬行为。

（5）提高延缓的时间和距离指标要有耐心，短时间内不应提高过大幅度而急于求成。

图5－10　在训练后期，为了提高延缓能力，可带犬到复杂环境中进行训练

（五）随行

1. 口令

口令："靠"。

2. 手势

左手自然下垂轻拍左腿外侧。

3. 训练方法

首先应培养犬抬头注意主人。方法是主人左手持牵引带，右手持物品或食物调引犬，待犬注意力集中后，下口令"靠"，右手置于胸部位置固定并牵引犬行进。如果在行进中犬能抬头注意主人胸部位置，则在适当时机假抛或抛出物品或食物来奖励犬，以此来强化犬抬头习惯。多次反复训练，待犬具备一定的抬头注意主人能力后，再培养犬行进中不超前、不落后的能力。方法是在犬抬头的基础上，如果犬超前则在下口令"靠"的同时，左手猛向后拉扯牵引带强迫犬回到正确位置上。多次地将"靠"口令与机械刺激结合使用，使犬对口令产生反应而回到正确位置。犬一旦回到正确位置后，主人应用口令"好"、抚拍犬的方法来奖励犬，来清除犬的被动反应，并时常用假抛或抛物来强化犬的能力。待犬能按主人指挥，标准地完成百米左右的随行时，此阶段的基本条件反射已形成，可进入下一阶段训练。随行中向左、向右、向后三个方向变换，其中向左、向右较易掌握，向后转身较难掌握，且易出现犬转弯半径大、动作慢等毛病。在基本能随行的基础上，由快步变慢步时，应在"靠"口令的同时，左手向犬正后方拉扯犬牵引带使犬速度被迫减慢；由慢步变快步时，应在"靠"口令的同时，采用抚拍犬等方式提高犬兴奋性来使犬步法加快跟上主人。多次反复结合训练，使犬能很顺利地根据主人的速度而变换进行速度。（图5－11）

4. 注意事项

（1）防止主人在随行过程中踩到犬爪，而使犬对随行产生恐惧或被动。

（2）在随行中牵引带应保持一定的松度，以用来在犬超前时有余量刺激犬。

（3）不要急于由牵引随行过渡到自由随行。为防止犬出现各种毛病，应在犬形成较为巩固的牵引随行之后，再进行自由随行。

图5－11　犬在主人的牵引下，与主人步伐一致同行

（六）前来

1. 口令

口令："来"。

2. 手势

左手由左腿外侧抬至水平位置。

3. 训练方法

这一科目的训练分三个阶段，可与随行、游散、坐的科目结合进行。

第一阶段，建立对口令、手势的条件反射。可以采用食物和能引起犬兴奋的物品诱导犬前来。即主人在发出"来"的口令的同时，手拿食物或物品引诱犬，当犬来到跟前时，及时给予食物或衔物奖励。随着训练的进展，逐渐减少直到去掉引诱刺激物，只需口令便可形成条件反射。在左手活动比较方便的情况下，应将手势同时与口令结合运用，使之形成条件反射。（图5－12）

图5－12　犬在主人的诱导和牵引绳拉扯作用下前来

图5－13　犬来到主人身前，然后主人令犬坐下

第二阶段，使前来动作完善化。当犬能根据口令和手势前来时，就应进一步使犬养成前来后主动靠主人左侧坐的习惯。其方法是，当犬来到跟前时，主人将犬的脖圈拉住，轻轻向左后方带引，使犬体转过来，令犬靠近左侧坐

下，并及时进行奖励。另一种方法是当犬根据口令来到跟前时，主人用食物逗引，将犬引向左侧令犬坐下，然后将食物奖给犬。上述两种方法可以单独使用，也可以结合使用，只要坚持正确运用就能奏效。（图5－13）

第三阶段，在复杂环境中锻炼前来的能力。

4. 注意问题

（1）去绳训练"前来"时，遇有犬产生外抑制不听指挥或执行动作缓慢等情况时，可结合适当的诱导动作或食物引诱使犬前来，也可由助训员协助使犬前来。但主人不可追逐犬，更不能对犬威吓。犬回来时也不能处罚。

（2）在复杂环境中训练时，要注意给犬建立对威胁音调口令的条件反射，以便随时控制犬。

（3）前来的训练用食物奖励比较好。

（4）当犬学会了"前来"后，还要经常结合使用训练绳的扯拉刺激，以不断强化巩固犬的前来能力。

（七）转圈

转圈是指犬在主人的指挥下，能够根据口令或手势做出转圈的行为。

1. 口令

口令："转"。

2. 手势

手势：驯犬员右手在胸前按顺时针方向画一圆圈。

3. 训练方法和步骤

第一步，使犬对"转"的口令及手势建立条件反射。

具体方法为主人站在犬的面前，一只手拿着美食或犬喜欢的物品，下"转"的口令，同时用美食诱导犬，让犬顺着主人的引导在面前转一小圈（用食物或物品在它鼻子前面引它转）。犬在食物诱导下，按照主人口令完成转圈动作后，主人要马上用食物奖励犬或用物品奖励犬。多次训练之后，使犬对"转"的口令及手势建立条件反射。（图5－14、图5－15）

第二步，能力复杂化训练，增加转动的圈数和转动的速度。

当犬学会这个口令之后，可以让它转得速度再快些，并且增加转的圈数，给一次口令转2圈或3圈。不过转的圈数不要过多，最好不超过3圈，否则有可能让犬感到眩晕和恶心。另外不要让犬转得速度太快，给它一点时间，让它明白主人的意图并按自己的速度去转。

图 5 - 14　物品诱导犬转圈　　　　图 5 - 15　物品诱导犬转圈

4. 注意事项

（1）初期训练，不可让犬转圈数量过多，也不要速度过快。

（2）训练时，最好引导犬按照一定的转动方向进行转圈。可先进行顺时针方向的转圈，然后再进行逆时针方向的转圈。

（3）训练时，用来诱导犬转动的食物或者物品放置高度基本与犬身高一致，不可过高，否则犬可能站立起来，而不能完成转圈动作。

（八）握手

握手是一项观赏性很强的科目，能充分表现出人与犬之间相互沟通、相互友爱的伴侣关系。此科目不仅要求犬能够按照口令抬起左（右）前肢完成和主人握手动作，而且要求犬能够根据主人的指挥，主动抬起左（右）前肢完成与"客人"握手动作，并保持坐延缓姿势不变。

1. 口令

口令："握手"。

2. 手势

手势：主人在犬的面前，把左（右）手的手掌朝上，平直地轻轻地伸向犬的左（右）前爪，做出愿意接纳犬前爪的样子。

3. 训练过程和方法

此科目的训练，要求犬必须具有坐和较强的坐延缓能力。对于多数犬来说，训练坐和坐延缓科目是比较容易的。

第一步，建立对口令、手势的条件反射，培养犬迅速主动同主人握手的能力。通常采取以下两种方法进行：

诱导法。主人事先准备好犬最喜爱的食物，以香味浓厚、粒小为最佳。先用手中的食物逗引犬，使犬兴奋后，令犬完成坐动作，并保持坐延缓姿势5～10秒钟。主人站立在犬正前方，持食物的手慢慢伸向犬面前，但必须保持犬坐延缓姿势不被破坏。大多数犬会急于得到主人手中的食物而抬起前肢去扒主人的手，此时主人立即下口令并握住犬的前肢，然后将食物给犬吃掉。多次重复训练后，犬便会形成"握手"的条件反射。

强迫法。主人事先准备好犬最喜爱的食物，以香味浓厚、粒小为最佳。先用手中的食物逗引犬，使犬兴奋后，令犬完成坐动作，并保持坐延缓姿势。这时主人将食物握于左手，正面站立在犬的面前，右手缓缓地将犬的右前肢抬起，并下口令——"握手"，抬到一定的高度稍停一下，将左手的食物轻轻放在犬抬起的右爪上，令犬吃掉。多次重复训练后，犬就会形成条件反射。

第二步，主人下"握手"口令，犬完成与主人"握手"动作。

此阶段的训练需要助训员。首先令犬左侧坐，此时助训员正面站立在犬的前方，手持食物，主人下口令"握手"，助训员伸出右手用诱导法或强迫法完成握手动作，然后用手中的食物给犬奖励。多次重复训练后，犬就会形成与客人"握手"的条件反射。

第三步，犬在主人口令下与客人握手，并得到奖励。（图5-16）

最后一步训练比较简单，逐渐取消助训员的奖励。按照口令完成动作后主人及时表扬犬，最后过渡到取消食物，只用"好"的口令来表扬犬。

图5-16 主人在犬的面前采取弯腰的站姿或蹲姿，下"握手"的口令，犬抬起前爪与主人握手

4. 注意事项

握手的科目是一个熟练性科目，不消耗犬的体力，且能够增加养犬的乐趣，所以在训练中可集中一段时间进行训练，但要注意每次训练结束要给犬充分的奖励和带犬进行其他游戏。训练此科目必须要求犬的坐延缓能力巩固，否则不但握手训练不成，也破坏了犬坐延缓的训练。

（九）后退

后退是指犬根据驯犬员的口令和（或）手势指挥倒退行走的过程。

1. 口令

口令："退"。

2. 手势

手势：右手臂直伸向前与肩同高，手掌竖起，掌心向前不断挥动。

3. 训练步骤与方法

该科目应在随行和衔取科目完成并巩固的基础上进行。

第一步，左手拉犬的脖圈靠驯犬员的左侧站立，右手拿犬喜欢的物品引起犬的注意，驯犬员下"退"的口令，左手向后拉犬的脖圈，驯犬员和犬一起向后退，并及时用口令奖励犬，重复"退"和"好"的口令。有的犬向后退时容易坐下，驯犬员左手向后拉犬脖圈的力度要减小，另外左脚向后挑一下犬的后腿。刚开始训练，5 米距离即可，逐渐延长到犬能随驯犬员顺利后退20 米。（图 5 – 17、图 5 – 18）

图 5 – 17　主人用牵引带做成圆环，在下"退"口令的同时，身体向前迫使犬向后退

图 5 – 18　当犬能后退几米，主人立即用"好"的口令和食物奖励犬

第二步，犬能随驯犬员顺利后退 20 米后，选择一个窄的胡同，驯犬员转向犬的正前方，犬面向驯犬员站立，驯犬员左手拿犬喜欢的物品，下"退"口令，做"退"的手势，驯犬员在犬前面紧跟上犬，一边重复口令和手势，一边奖励犬。

也可以用助手进行助训。方法是：助手蹲在犬的一侧，一只手握住犬的脖圈，与驯犬员保持 2 米的距离。当犬的注意力集中到驯犬员时，驯犬员下"退"的口令，并做出手势，此时助手马上将脖圈向后拉，另一只手同时将犬的一条后腿向后扳，迫使犬向后退并仍然保持着站立姿势，稍息片刻后驯犬员主动上前奖励犬，并口头表扬犬"好"，然后让犬游散。数次反复后犬就能建立起条件反射。

4. 训练要领

（1）助手应是犬较熟悉的人。

（2）初训时，应选择犬熟悉的平坦地面训练，以防犬后退时产生回头张望的不良行为。

（3）不能急于求成，每次训练 1~2 遍即可，后退距离由一步到二步、二步直至 20 米。

（4）当犬听到驯犬员口令或看到手势而不需助手强迫就"后退"时，说明犬已建立起初步条件反射。助手在今后的助训中就可以进行强迫与不强迫的交叉助训，并逐渐延长"后退"距离，助手也可逐渐由蹲在犬旁发展到站在犬旁，再由站在犬旁发展为逐渐离开犬而让犬单独完成。

（5）训练中驯犬员应主动上前奖励犬，不能令犬前来后再给犬奖励。

（6）在脱绳、无助训的初期训练时，如果犬接到命令后没有退至驯犬员满意的距离而停下时，驯犬员应再次下"退"的口令，若犬仍停滞不前，就需助手再次助训，当驯犬员再次下命令时助手应强迫犬至少后退 2 米以上的距离，而不是一两步的短距离了。通过这样的训练后，驯犬员便可得心应手地指挥犬"后退"了。

（十）敬礼

敬礼是指犬在主人指挥下，呈现臀部和后肢着地，前肢抬离地面，躯干挺直，头自然抬起，尾巴自然平伸于后这种姿势。

1. 口令

口令："敬礼"。

2. 手势

手势：右侧上臂以肩关节为轴自然后摆，前臂以肘关节为轴上抬至平行地面，五指并拢，掌心向上。

3. 训练方法

（1）诱导法。此科目的训练应在犬具备"坐"能力后再进行训练。首先选择一块平坦清净的场地，选择犬最喜欢的物品或食物充分逗引犬的兴奋性，然后下口令"坐"，犬马上完成正面坐动作。主人用右手物品或者食物适当再逗引犬，使犬的注意力完全集中到食物或物品上，然后主人下口令"敬礼"，同时右手把物品或食物从犬的眼前慢慢举到与犬蹲起的高度持平，犬为了得到物品或食物，自然会原地抬起双腿呈"敬礼"的姿势。当犬做出"敬礼"的动作后，主人不要马上奖励犬和解除"敬礼"的姿势，而是要始终注视着犬，让犬保持一会"敬礼"的姿势，然后再给犬奖励。如此重复训练多次，犬对敬礼科目的条件反射将逐步建立起来。下一步训练则可以根据犬的能力，当犬完成敬礼姿势后，间隔时间逐渐延长再给犬奖励并反复训练，犬就学会了"敬礼"。（图5-19）

图5-19 用玩具诱导犬完成敬礼动作

（2）诱导法和强迫法相结合。主人先令犬左侧坐，并用左手抓住犬的脖圈，下口令"敬礼"，左手向后拉犬的脖圈，同时用物品或食物诱导犬，迫使犬做出正确的动作。

（3）助训员辅助法：首先令犬正面坐并保持坐延缓姿势，主人离开犬半步，助训员站在犬身后并用双手握住犬脖圈。主人下"敬礼"口令及手势让犬敬礼，助训员适时地用双手将犬向后上方拉起呈敬礼姿势。当犬做出"敬礼"的动作后，主人不要马上奖励犬和解除"敬礼"的姿势，而是要始终注视着犬，让犬保持一会"敬礼"的姿势，然后再给犬奖励。如此重复训练多次，犬对敬礼科目的条件反射将逐步建立起来。

4. 注意事项

（1）训练此科目最好采用诱导法和强迫法结合的方法，这样既能规范犬的动作，又不会使犬产生抑制。

（2）敬礼科目训练与其他科目不同的是，此科目必须同延缓一起训练，即每次训练坐立完成后都要保持姿势一段时间再给犬奖励。

（十一）假死

犬在主人"躺"口令下迅速完成侧躺动作，使身体一侧完全着地，四肢伸直，身体处于"假死"状态。

1. 口令

口令："躺"。

2. 手势

手势：右手前伸至胸前，掌心向下并翻转。

3. 训练方法与步骤

此科目训练首先应具备"卧"的能力。（图5-20）

第一步，培养犬对"躺"的口令和手势形成条件反射。首先令犬正面卧并保持延缓姿势，主人降低身体重心，随后对犬发出"躺"的口令和手势，同时左手推犬的肩胛处，将其扳向一侧成侧躺姿势，同时重复"躺"口令并用双手慢慢地抚摸犬使其安静

图5-20　初期训练时，可先令犬正面卧下

地躺在地面上。适时（5～10秒）的延缓后，给犬奖励。多次重复训练使犬左躺或右躺，并逐渐减轻手部推的力量，直到犬对口令和手势形成条件反射。（图5-21、图5-22）

第二步，远距离指挥犬侧躺能力的培养。当犬对"躺"的口令和手势形成条件反射后，就可以进行远距离指挥犬侧躺，从而培养犬在远处服从主人的命令进行侧躺的能力。具体方法是主人先令犬坐于前方1～2米处，然后发出"躺"的口令和手势，如果犬能够完成动作，就用"好"口令表扬犬；如果犬不执行主人命令，则应走近犬一些，直到犬能迅速对主人的口令和手势起反应。同时，主人应加重口令的音调，迫使犬做出相应的动作。当犬做出正确动作后，主人再及时给犬充分奖励。如此重复训练，逐渐延长指挥的距离至30米。

图 5 - 21 为了培养犬对"躺"的口令和手势形成条件反射，可用诱导强迫结合法帮助犬躺下（假死）

图 5 - 22 当犬对"躺"的口令和手势形成巩固的条件反射后，可取消诱导和外力辅助，直接用口令指挥犬，完成"假死"科目

4. 注意事项

（1）"假死"科目训练中，犬躺下并处于安静状态的训练过程也是其延缓训练过程，因此应将培养犬对"躺"的口令和手势的条件反射和"躺"延缓的训练同时进行。

（2）在训练中，左手推犬肩胛是使犬完成"侧躺"动作并保持躺延缓状态的重要手段。然而，这种外力要在犬具备稳定的"侧躺"的延缓能力后再逐渐取消。

（3）当犬能够在远距离指挥的情况下完成侧躺后，为了使"假死"科目表演得更为逼真，口令可逐渐改换成"啪"，而手势可以不变。

（十二）打滚

打滚是犬在主人的指挥下，由正面卧下的姿势经过向左（或向右）滚动 360°后重新变为卧下姿势的过程。

1. 口令

口令："翻"。

2. 手势

手势：右手向前伸出，掌心向下，在发出"翻"口令的同时，右手掌沿着顺时针方向翻转至掌心向上。

3. 训练方法与步骤

选择一块平坦干净的地面，令犬卧在主人的前方。主人蹲下来先轻轻抚拍犬几下，然后主人左手按住犬的右前肢，右手按住犬的左前肢，下"翻"口令的同时，双手一起用力向左上方拉去。犬在外力作用下完成360°的翻滚动作。犬翻滚后，主人的双手不要放开，要控制住犬，直到犬重新恢复到卧下的姿势，然后给犬奖励。

本科目的训练最好分两个阶段进行。第一阶段先使犬学会"侧躺"，当犬具有"侧躺"的能力后，再进行第二阶段训练，即从侧躺的姿势转化为重新卧下的姿势。

第二阶段的训练是在"躺"的基础上进行"翻滚"科目的训练。方法是在诱导法使犬躺下后，右手的食物或玩具继续向右侧移动，同时左手可拉住犬的前肢继续给犬向右的推力，使犬完成翻滚动作。犬完成翻滚动作后，给犬奖励。

4. 注意事项

"翻滚"科目的初期训练阶段，只要犬完成一次翻滚动作就应给以奖励。随着训练难度的增加，逐渐增加翻滚次数，然后再给予犬奖励。

图5-23 首先令犬卧在主人的正前方

教犬向左侧躺下或向左侧翻滚，其方法是一致的，不过手势是左手平伸向前，手心向下，然后逆时针翻转掌心，使手心向上。（图5-23~图5-25）

图5-24 犬在主人右手手势下，完成向右打滚动作

图5-25 犬在主人左手手势下，完成向左打滚动作

（十三）站立行走

站立行走是指犬在主人的口令和手势指挥下，完成站立动作并保持站立的姿势向前走和（或）向后倒退行走。

1. 口令

口令："站立"。

2. 手势

手势：右手握拳，上抬右臂，拳心向下，拳眼向左，做手持物品状。

3. 训练方法与步骤

第一步，建立对"站立"口令和手势的条件反射。先令犬正面坐好，然后手持犬喜欢的物品或食物，放置于犬头部的上方，逗引犬衔取物品，同时下口令"站立"。物品在犬头部上方的高度要适中，避免犬跳起来衔取。如果有跳跃现象，不能给犬奖励；犬完成站立动作后，立刻表扬犬。如果犬不能完成站立动作，主人可适当向上拉犬的牵引链或者脖圈，帮助犬站起来，当犬站起来后，马上用手中的物品或食物奖励犬。如此反复训练，直至犬能够根据"站立"口令和手势做出相应的站立动作。（图5-26）

图5-26 犬在食物（或物品）的诱导和牵引带辅助作用下前肢离地站立起来

图5-27 慢慢取消牵引带的辅助作用，只用诱导的方法使犬前肢离地站立起来

随着训练的进行，当犬在站立口令下站立起来后，主人不要马上奖励犬，也不要急于结束犬的站立姿势，而是要慢慢延长犬站立的时间，直至犬能够站立1~2分钟以上再给犬奖励。在上述基础上，主人要慢慢缩小食物或者物

品的大小直至取消食物或物品的诱导，只用手势诱导犬站立起来。

第二步，只用手势诱导犬前进和后退，形成人犬共舞的奇观。

在上一阶段的基础上，待犬完成站立动作后，右手做的手势可稍微向后，诱导犬做出向后走的动作，犬只要能向后走1~2步，就给犬奖励。然后随着训练次数的增加，向后走的次数也逐渐增加，向后行走的距离逐渐拉长。

诱导犬站立前来的训练与上面的训练是一样的。犬完成站立后，主人右手的手势稍微向前，诱导犬做出再向前行走的动作，完成距离不要求过长。如此反复训练，距离可逐渐增加。这样反复训练，犬就形成了在主人口令和手势指挥下，随着主人的脚步前进和后退的能力。（图5-27）

4. 注意事项

主人手持物品的高度要适中，防止犬跳起来。奖励犬要及时，不可过早或过晚，没有达到要求不要奖励犬。

（十四）钻腿

钻腿是指犬跟着主人的步伐自由而有节奏的穿梭于主人的脚下。

1. 口令

口令："钻"。

2. 手势

此科目没有固定的手势，主人只需根据犬的行走速度，正常的运步行走即可。

3. 训练方法与步骤

此科目的训练应多利用诱导法。

第一步，训练犬能够积极主动地从两腿之间钻过。首先选择一块平坦而清静地场地，主人选择犬最喜欢的食物或者物品，右腿向前迈出一大步，身体略弯，右手持食物或物品放于身体右侧的两腿之间，下口令"钻"，诱导犬去衔取手中的物品。犬在食物或物品的引诱之下，从主人两腿之间钻过，主人马上给予犬奖励。多次重复训练，犬对"钻"口令就形成了条件反射。（图5-28）

图5-28 初期训练时可用玩具诱导犬从两腿之间钻过

第二步，完成左右两次钻腿。当犬能够积极主动完成第一步后，立即进行第二步训练，在第一步训练的基础上，当犬从左至右在两腿之间钻过来后，主人不用食物或物品来表扬犬，而是用"好"口令来鼓励犬，然后主人紧接着继续向前迈动左腿，将物品或食物放于左手，再次引诱犬从右向左在两腿之间钻回来。当犬完成此动作后，立即给犬表扬。（图5-29、图5-30）

图5-29　当犬从左到右从两腿之间钻过一次后，不给犬奖励，然后主人向前迈动左腿，将玩具或食物放于左手，再次引诱犬从右向左在两腿之间钻回来

图5-30　钻腿训练

第三步，逐渐增加钻腿次数。犬能够积极主动完成前两个步骤后，主人就可以根据犬的掌握程度和钻腿的速度逐步增加犬钻腿的次数，并逐步取消物品或食物的诱导。

第四步，能力提高阶段。当犬能够顺利完成长距离的钻腿训练后，主人可以适当地增加训练的难度，如经常变换行走步伐，适当地增加转弯以提高犬的钻腿能力。

4. 注意事项

训练时尽可能让犬处于自由活动状态。训练过程中，要注意行走距离长短结合、难易结合，防止犬过度疲劳。

（十五）过独木桥

1. 标准

犬在驯犬员口令指挥下，迅速通过独木桥。独木桥训练主要是培养犬的信心、勇气和平衡协调能力。

2. 口令与手势

口令："上"。

手势：右手指向独木桥。

3. 训练方法及步骤

（1）培养犬对"上"口令、手势建立条件反射。开始训练时，应在面较宽的矮独木桥上进行。驯犬员和犬来到独木桥前，驯犬员先发出"上"的口令和手势，且边走边用"好"口令鼓励犬，让犬走上独木桥。当犬行走时，驯犬员在右侧与犬平行，右手靠近脖圈握住牵引带，并扶住犬，使犬保持平衡，必要时也可以用左手在犬的胸下部加以托扶，并发出 2～3 次"上"的口令和手势，同时可以食物奖励和抚拍奖励。如果犬不去走独木桥，应当借助食物引诱，诱导犬走上独木桥，而后轻轻向前拉动牵引带。这时，再用左手托着胸下部，促使其走动。当犬成功地走过整个独木桥后，用食物给予充分奖励。（图 5 –31）

图 5 –31 初期训练时应在矮的独木桥上进行，犬主人可牵着犬，利用诱导手段使犬登上独木桥

（2）能力复杂化的训练。当犬开始有信心、毫无差错地走上独木桥，并能在上面顺利行走后，就将训练条件加以复杂化。适时去掉训练绳进行训练。让犬从各种不同角度走上独木桥，培养犬对独木桥的信心和坚持力。

（3）环境复杂化的训练。随着训练动作的熟悉及巩固，可将独木桥的训练与天桥、垛桥及跨越小溪、壕沟等训练交替进行，同时还可以在各种诱惑下进行抗干扰训练，尤其是在喧闹环境中进行训练。

4. 训练要领

（1）无论采取何种方法，只要犬经历几次以后就会适应，当犬适应后就要减少诱导，培养犬完全根据口令和手势独立上下独木桥。

（2）在训练中，驯犬员必须让犬动作协调一致，并要注意保护犬，严防犬摔下来。

（3）当犬顺利通过独木桥后，给犬的奖励一定要充分，使犬尽快消除恐惧感，这样才能使训练顺利进行。

七、培养良好习惯

在购入幼犬的最初几周内，如何护理幼犬、调教幼犬，使幼犬形成良好的行为至关重要。如果不注意护理和调教，则很可能使它养成许多不良行为和习惯，长此下去就很难纠正。对于幼犬切勿放纵其任何不良行为，即使是一些小节也应制止。例如不要让它扑到你身上，不要让它坐在沙发上或躺在床上等，特别是发现犬用爪抓家具、用牙咬沙发或撕衣物等恶劣行为，要立即喝止它，用威胁的语气发出"非"的口令，重复喝几声使它就范。

（一）禁止随地捡拾

主人选一清静环境，预先将杂物分别放在几处明显地方，然后牵犬到这里游散，并逐步靠近放杂物的地方，当犬有欲捡物的表现时，立即用威胁音调发出"非"的口令，并伴以猛拉牵引带的刺激，予以制止。当犬停止捡物后，应给以抚拍奖励。然后继续带犬游散，再向另一处放杂物的地方靠近，采取同上方法训练，以后的训练要经常更换地点。通过如此反复训练，犬就不敢捡食了。在此基础上，可将一些杂物分散在比较隐蔽的地方（如矮草丛中），改用训练绳掌握，主人可离犬远一点，仍采取上述方法进行训练，直到除去训练绳，使犬能在自由活动中能根据口令立即停止拣物为止。但是，为了彻底纠正犬随地捡物的不良行为，仅依靠布置杂物训练是不行的，必须在日常生活中加强严格管理，随时随地进行训练，一有放松，就会前功尽弃。为了不致使口令的条件减弱或消退，应经常适当结合机械刺激予以强化。

（二）乱扑人

犬每次见到主人后喜欢全身站起来前爪搭在主人身上，不停地用舌头舔主人的脸或衣服，以示亲热。有的犬主人认为这种行为非常可爱，甚至很放纵犬的这种行为。但对于来访客人来说，犬乱扑人使人受到惊吓，同时犬舌舔脸也不卫生；二是弄脏衣服，有可能抓伤和扑倒客人。因此，犬乱扑人这种行为必须得到纠正。方法：当犬要扑过来时，主人应该蹲下，与犬的视线保持水平，然后抚摸它一番，如果犬还不能安静下来，这说明它非常渴望主人陪它玩，那么犬主人就要花上三五分钟，让犬尽兴地玩个够。如果它尽兴玩耍后还继续扑人，主人马上一手抓住脖圈将犬上提，同时下口令"坐"，令犬坐下，然后主人后退、转身，不理睬犬，过 2～3 分钟后再将犬送回犬舍。对于长期习惯扑人的犬，准备一把水枪（如给花浇水的水枪），确保这些东西在犬扑人时随手可及。比如，在门口挂一把水枪，回家时一旦犬扑向主人，马上下口令"非"，并用水枪喷犬的脸，重复此做法，直到能够制止犬的扑人行为为止，最终犬会把扑人与被喷水的不舒服感觉联系起来，要让犬知道站起来扑人是不受欢迎的行为，从而改掉犬的这一坏习惯。

（三）乱叫

乱叫是犬的天性。犬通过各种不同的叫声表达不同的情感和传递不同的信息。但是，毫无节制地乱叫不仅影响犬主及其家人休息，同时也干扰邻居的正常生活，给犬主增加不少麻烦。当犬被关进犬舍超过 12 小时，长时间独处使它感到寂寞孤独，它肯定会叫个不停。新到家的幼犬也会叫个不停，它吠叫的原因主要是刚离开原来的群体，来到一个陌生的环境而产生恐惧感。当犬感到寒冷、疼痛或身体某个部位出现不适时，为了能够引起主人的注意，也会发出叫声。调教方法：如果长时间未带犬进行户外运动，犬发出叫声是为了提醒主人，它要外出散步了，主人最好适时带犬外出。如果犬主不想出去散步，可以给犬一些玩具，增加主人和犬待在一起的时间。如果犬学会了"安静"科目，主人可用坚定的语气下口令："静！"同时抚摸犬，让犬的情绪慢慢地安定下来。也可将报纸卷成棒状，当犬乱叫而喝令不止时主人可用报纸卷叩打犬的头部，这种方法很奏效。当犬按照主人的口令停止吠叫时，就要及时给犬奖励。另外，适当增加犬的活动时间，充足的活动量可以消耗犬的精力，犬运动后也不愿意再浪费精力吠叫。

（四）定点排便

首先给犬准备好"厕所"。犬厕所可以用矮箱子，其内铺上几张旧报纸。排便后保留用过的旧报纸，以后犬嗅到自己大便的气味就到这里进行大小便，也可以在庭院的一角划一小块地铺上砂石，成为理想的"厕所"。

当犬有便意时，会露出不安的样子，低头在地面猛嗅，并且绕圈子。这时，要立即带它到预先准备好的"厕所"去，让其排便。犬在固定地点大小便后，要及时地给予爱抚或者食物奖励，让它形成在固定地点大小便的条件反射。训练犬大小便一定要掌握时间，一般是在早晨起床后，喂食以后或晚上睡觉以前，带它到厕所放便盆的地方，有时犬不一定在这个时间大小便，这也不要紧，把它关起来一段时间，再放出它来。如发现犬在室内地上东嗅西闻或是钻到床底下等处，围着一个地方打转，扭动屁股，或是塌下腰站着不动，或刚要抬起后右腿时，这是马上要大小便的动作征象，应该立刻止住它这种随地大小便的恶习，并将它带到犬的"厕所"排泄，排泄后用手轻拍犬的头，以示表扬。

如果犬在室内其他地方排便，要立即加以训斥，下口令"非"，然后用肥皂水将地板洗干净，不能留下便的气味。并把它一同带到厕所的固定地方让它嗅闻。这样经过耐心的训练和调教后，它就会逐渐养成在固定地点大小便的习惯。

幼犬除定时大小便外，有时还会增加排便次数。厕所的门不要关严，应留有犬能自由出入的空隙，以便犬能顺利地跑到厕所内。另外，也可利用"犬猫定位排便诱导剂"向指定地点喷洒，通过气味诱导使犬到指定地点排便，一般 2～3 次即可达到诱导效果。排便训练时尽可能不要随意更换地点，每次最好留点大小便的痕迹，以便犬通过气味找到应该排便的地方。同时，培养犬形成良好的排便习惯要有耐心，不能操之过急，一定要不怕脏，应像对待自己的小孩一样。

（五）母性丧失

有的萨摩耶母犬分娩后不愿照顾、喂养自己的仔犬，这是母性不强的表现，也称作母性丧失。调教方法：遇到这种情况时，应采取方法让母犬转移注意力到仔犬身上，以此唤起母爱。取仔犬身上少许的附着物抹在母犬的鼻尖上，这时母犬就会立即舔鼻尖，随后将仔犬放在母犬跟前，母犬通过嗅闻仔犬，就会开始照顾自己的仔犬。或者是将仔犬从犬窝抱走，由于仔犬的突然失踪和鸣叫，母犬看不到和它相伴的仔犬，就会着急起来，到处找它的孩子，这样唤起母犬的母性，仔犬也就得到了母爱。当然，有的时候是由于仔犬牙太尖，吮吸乳汁时使母犬感到疼痛，因而不愿喂养。有的是因母犬营养缺乏，乳汁少。仔犬吮吸不出奶水，嗑得母犬乳房痛，母犬因此不愿喂奶。所以要经常检查母犬的乳房，如发现外伤要及时给予治疗，预防感染细菌引起乳腺炎。除饲喂好母犬外，对奶水不足的母犬应该催奶，并对仔犬进行人工喂奶。

第六章　萨摩耶犬的繁殖

一、发情

（一）发情征候

母犬发情时出现的特殊表现称为发情征候。这些特殊的表现主要体现在犬的行为变化和生殖道变化。

行为改变：发情前的 2～3 天，犬兴奋性增强，活动增加，烦躁不安，眼睛发亮，食欲下降，频频排尿，举尾拱背，喜欢接近公犬，常爬跨其他犬等。

生殖道变化：表现为阴门肿胀、潮红，临近排卵时肿胀程度最大，流出伴有血液的红色黏液，而后逐渐消退。

（二）发情犬管理

1. 加强饲养

母犬发情后，其生理上会发生一系列变化，可能出现情绪不稳定、食欲下降等情况，对疾病的抵抗力也降低。因此，无论配种与否都应该加强饲养管理，营养上要供给营养丰富、易消化、适口性好的日粮。在管理上，主人带犬散步时，不能随意放开犬，一定要牵引以便于及时控制犬，严防偷配、乱配。同时做好卫生消毒工作，保证周围环境和阴户卫生，防止生殖道感染。

2. 不宜训练

母犬发情后一般不宜再进行训练，要停训半个月左右。因为发情的母犬兴奋不安，寻求公犬，易产生外抑制，学习能力下降。同时要认真观察其发情征候，做好记录，准确掌握发情进入的阶段，以便做到适时配种。

二、交配

（一）最佳交配期

母犬在发情后 11 天排卵（变化范围为 9～18 天），大约 80% 的卵子在开始排卵后 48 小时内排出。犬的交配适期是排卵前 1.5 天到排卵后 4.5 天之间。一般的经验是，发情出血后第 9～11 天首次交配，间隔 1～3 天再次交配。

（二）交配前准备

为了提高受孕率和胎儿成活率，交配前准备显得非常重要。

1. 健康检查

在交配之前要对公母犬进行一次全面的健康检查，重点是传染病、皮肤病、寄生虫病、乳房检查、生殖系统检查等。因为这些疾病对犬的健康危害较大，要尽量避免因交配而造成疾病的传播。另外，还要防止近亲繁殖，以免产出弱仔和仔犬发生退行性变化。

2. 母犬驱虫

在交配之前对母犬进行一次彻底的驱虫。因为寄生虫在母犬体内消耗大量的营养物质，造成母犬体弱、消瘦和营养不良，不能满足妊娠期间母犬自身的营养需要和胎儿发育所必需的营养物质。有的虫体可以通过胎盘感染胎儿。

3. 精液检查

配种前如果有条件，最好检查一下精液的品质，以确保受孕率。正常健康公犬的精液应该是黏稠的，呈乳白色，各项指标符合要求。

4. 充分散放

交配宜选在早晨喂食前。交配前，公、母犬应在室外自由活动一段时间，排完大小便。否则犬的排尿和排粪反射使腹腔压力增加，交配后排泄（尤其母犬）必然会引起精液倒流，影响交配效果。

（三）交配注意事项

（1）配种具体时间一般在早上，犬的精神状态最好，冬季则要在中午天气比较暖和时进行。地点应选择安静、清洁的场所，最好是公、母犬都熟悉的地方。

（2）配种前和配种后 2 小时内不允许饲喂，以免公犬在交配时发生反射性呕吐。

（3）公犬不要频繁交配，以免影响健康，缩短种用年限。一头公犬在 1 年内的交配次数不能超过 40 次，在时间上要尽可能均匀地分开进行。壮年公犬每天交配 1 次，隔 3～4 天应休息 1 天，偶尔在 1 天内交配 2 次，应间隔 12 小时以上，次日必须休息。

（4）对于初配母犬，最好实行主人辅助交配（一手抓脖圈一手托下腹部）。

（5）母犬避免生育过密。母犬虽然每年可以繁殖两胎，但生育过密，对母犬和仔犬的体质都有影响。根据母犬的年龄和健康状况可掌握两年繁殖 3 胎或一年 1 胎比较适宜。超过 9 岁的母犬一般不宜再繁殖。

（6）对母犬每次开始发情日期、各发情阶段持续天数以及交配日期等都要仔细记录下来，以便准确地确认公、母犬配对和推算预产期。

三、妊娠

（一）妊娠诊断

妊娠诊断的目的是为了掌握犬配种后妊娠与否和妊娠月份以及与妊娠有关的其他情况。妊娠诊断越早越好，可以及时给妊娠母犬补充营养和加强护理，保证胎儿的正常生长发育，防止流产以及预测分娩日期，并做好产仔准备。对未妊娠的母犬，可以及时进行检查，找出未孕的原因，采取相应的治疗或管理措施。家庭养犬常用外部观察法、触诊检查法和尿液检查法等。另外，还可以用血液检查法、超声波、X 线等检查法判定犬妊娠与否。

1. 外部观察法

交配后 1 周左右，母犬阴门开始收缩软瘪，可以看到少量的黑褐色液体排出，食欲不振，性情恬静。在 2～3 周时乳房开始逐渐增大，食欲大增，被毛光亮，性情温顺，行动迟缓，安稳，小心翼翼。少数母犬怀孕 25 天左右会出现一段时间的妊娠反应，有时呕吐，食欲不振，有时会出现偏食现象。1 个月以后，可见腹部膨大，乳房下垂，乳头富有弹性，乳腺发育逐渐膨大，甚至可以挤出乳汁，体重迅速增加，排尿次数增多。50天后在腹侧可见"胎动"，在腹壁用听诊器可听到胎儿心音。

外部观察法可以早期诊断妊娠，缺点是准确率较低，无法分辨妊娠与假妊娠。没有经验者不能早期判断母犬是否怀孕。

2. 腹部触诊法

腹部触诊可摸到胎儿。方法是：在早晨空腹时，用手在最后两个乳房上方的腹壁外前后滑动，摸是否有硬物，若母犬怀孕，则可摸到2～4厘米大小富有弹性的肉球，证明已经怀孕，但应注意与无弹性的粪块区别。触摸时母犬应保持安静，动作要轻，用力不能过大，以免伤及胎儿。此法用于妊娠前期。

3. 尿液检查法

犬妊娠后5～7天，尿液中会出现一种与人绒毛膜促性腺激素结构相似的激素，所以采用人用的"速效检孕液"可以测试出犬尿液中是否含有类似人绒毛膜促性腺激素的物质。如检查呈阳性者即为怀孕，阴性者为未怀孕。此法准确率相当高，在交配后的6天左右就可以检测出来。

另外，还可以用血液检查法、超声波、X线等检查法进行判定犬妊娠与否。

（二）妊娠母犬管理

对于妊娠母犬的管理，要注意掌握两点：一是停止训练，搞好保胎，防止因疾病和管理不当引起的流产；二是适当运动，增强母犬体质，防止难产。

1. 卫生与消毒

注意母犬的饮食、饮水卫生，对犬体、犬舍及周围活动环境进行严格的消毒防疫，确保妊娠母犬的健康。对于没有经验的犬主人，在母犬怀孕期间，如果发现母犬患病，要及时请医生诊治，自己不要乱用药，以免引起意外，当发现临产征兆时应与医生联系，或送犬到医院待产。

2. 运动

运动可以增强妊娠母犬的食欲，利于胎儿生长发育，还具有预防难产的作用。母犬难产，除了产道先天性狭窄和胎儿过大外，几乎都与妊娠期内运动量不足有关。

在妊娠前期,母犬的运动量可以稍大一些,每天运动 2 ~ 3 次,每次运动后,再散放 15 ~ 20 分钟,每次运动不使犬疲劳。在妊娠后期,母犬的运动速度要降低,应以慢跑和散放为好,每天进行 3 ~ 4 次,每次时间要延长,使母犬得到充分的适当的运动,严禁一切剧烈的运动。

另外,在犬的运动中,应保护犬的腹部,不可使之受到碰撞踢打。不要跳高,不转急弯,避免剧烈的活动和跨越障碍物等,也不应随意打骂和惊吓孕犬。

3. 洗澡

在怀孕后的 30 天内,如气温适当,可给犬正常洗澡,但在洗澡时应注意不要使乳房受伤。在临产的前几天,可用温肥皂水擦洗乳房和会阴部,洗完后用干净的毛巾擦干。产前 1 周内应停止给母犬洗澡,禁用刷子刷洗腹部。

4. 产前准备

母犬产前 1 周应做产前检查,同时准备好接产工具和必备药品。

四、分娩

(一) 产前征兆

妊娠母犬临近预产期时,常出现饮食、行为、体形及体温等方面的变化。

1. 食欲变化

进入预产期后,妊娠母犬食欲开始下降,或食欲时好时坏,当发现母犬对美味食物也无兴趣时,表明分娩即将开始。有时母犬采食后不久(约 1 小时)出现剧烈呕吐,说明分娩在即。

2. 体形变化

妊娠母犬接近预产期时,乳头迅速下垂。如果乳头下垂越显著,乳房越膨胀,则表明母犬分娩很快开始,此时轻挤乳头便有乳汁流出。如对母犬腹部进行触诊,可感腹壁紧张,凹凸不平,时有阵缩感。同时可见妊娠母犬外阴肿胀、变软,有黏液样液体流出。

3. 行为变化

平时较为安静的妊娠母犬,往往于分娩前 3 ~ 10 小时性情转为烦躁,身体转来转去，此时母犬呼吸急促，排尿次数增多，坐立不安，张口呻吟，频频回头舔自己外阴部。个别母犬于分娩前6~10小时则较为安静，卧于角落，精神沉郁。

4. 体温变化

分娩前母犬体温也有明显的变化。在怀孕的最后几周，妊娠母犬体温开始下降，体温变化最明显的是在临产前24小时内，体温会下降至36.5~37.2℃。大多数母犬在分娩前9小时体温会降至最低，比正常体温要下降1℃以上。随着体温开始回升，就预示着即将分娩。母犬分娩前明显的体温变化，是预测分娩时间的重要指标之一。

（二）产前准备

1. 搞好卫生

产房要彻底清扫一遍，重换垫褥，用0.5%的来苏儿水或其他消毒液喷洒消毒，保持空气流通。母犬的全身要洗刷一遍，尤其是臀部和乳房，可用0.1%的新洁尔灭液清洗。

2. 制作产箱

产箱可用木板钉制，其高度以不让仔犬跑出为原则。为使仔犬出入方便，在产箱的一侧应留有缺口，底部铺一些有小间隙的细木条，上面再铺软的毛毯、棉垫等。产箱内壁必须光滑，无尖锐的突出物，以防划伤仔犬。产箱应放在砖头或木块上，以利通风，保持箱内干燥。

3. 准备药械

备好接产用具和药物：如剪刀、灭菌纱布、棉球、70%酒精、5%碘酒、催产药物、0.1%新洁尔灭等。

4. 对分娩母犬的准备

分娩前用消毒液擦洗母犬外阴部、肛门、尾部和后躯，再用温水擦洗干净。

（三）助产

母犬一般能自然生产，无需人为助产。但由于各方面因素的影响，有些母犬往往不能完全独立完成分娩，这就需要人为地帮助母犬进行分娩。发生分娩异常时，应及早助产，可避免母犬和仔犬受到危害。如发现母犬因腹压弱生不下来时，可采取按摩腹部或热敷进行助产。当胎儿错位停滞在骨盆内时，应轻轻地把它从产道中拉出来，并将胎膜剪破，使仔犬解脱出来。如母犬不咬断脐带，应在距肚脐2厘米处剪断，并进行消毒，再把仔犬放到母犬嘴边，让母犬舔干犬身。当出生的仔犬呼吸道中进入羊水造成窒息时，应抓住仔犬后腿，将仔犬倒提起来，使羊水排出，然后擦干鼻孔的黏液，放在母犬身旁。若母犬产仔的间隔时间过长，应注射催产剂。遇到难以处置的情况时，应请兽医诊治。

五、产后管理

（一）初产母犬管理

对于初次生育的母犬分娩时应多加护理，头胎母犬缺乏产仔经验，特别是母性不良的母犬，容易在产仔时出问题。头胎母犬易出现的情况：母犬紧张，起卧不安，对仔犬漠不关心，不能护理仔犬，拒绝仔犬吸吮初乳，难产。

母犬生产紧张时主人应在一边轻轻抚摸，多轻柔地按摩腹部，保持产房安静和较暗的光照。母犬对仔犬关心不够时，主人应擦净仔犬的体表黏液、口腔、鼻部黏液，将仔犬送到乳头上吸吮初乳。拒绝仔犬吸吮初乳时，应查找原因或人工哺乳。仔犬假死时，可将仔犬倒提，轻拍腹部，清除口腔、鼻部阻塞物，或进行人工呼吸。也可将仔犬浸泡在39~40℃的温水中引诱呼吸。难产时应进行助产或迅速请兽医诊治。对于拒哺的母犬，可待产仔结束后，对母犬进行注射镇静剂，再人工协助哺喂初乳。

（二）初生仔犬管理

初生仔犬的管理主要是日常看护，掌握发育情况，及时补乳和添喂饲料，做好人工哺乳。

1. 防踩防压

仔犬产出后，能够本能地吮吸乳汁。如果仔犬体弱，就需要人工将仔犬送至乳头吮乳。对于1周龄内的仔犬看护，防踩、防压是很重要的。因为，那时仔犬尚未睁开眼睛，其活动能力也很差，可能被母犬踩伤、压死，特别是初产母犬。对那些比较瘦弱的仔犬，要帮助它们找到乳量较多的乳头吃奶，这样有利于增进弱犬的体质。发现仔犬爬出窝外及时送回。

2. 吃足初乳

产后 3 ~ 5 天内的乳汁称为初乳，初乳含有较高的蛋白质、脂肪和丰富的维生素。初乳中的各种营养物质几乎可全部被仔犬吸收利用，能够促进胎粪排出，对增长体力、维持体温极为有利。最重要的是，初乳是新生仔犬获得抗体的唯一来源，能够帮助仔犬抵抗犬瘟热、犬细小病毒病等疾病。根据资料显示，仔犬可以从初乳中得到 77% 的免疫保护力，随后母源抗体的浓度逐步降低，到 1 周龄时为 45%，2 周龄时 27%，3 周龄时为 16%，到 8 周龄时基本上没有了。因此，应尽可能早地让仔犬吃到初乳。

3. 补乳和补饲

初生仔犬每天喂奶至少 5 次。当仔犬长到半个月左右，每日喂奶次数为 4 次。在自然哺乳时仔犬会自然调节次数，不需要人为地去干扰。母乳是仔犬正常生长发育的最佳营养物质，随着仔犬需要量的日益增加，母犬的乳汁会逐渐达不到仔犬日益增重的要求。一只母犬的乳汁哺喂 6 只生后 10 天以内的仔犬，是完全可以满足的，10 天以后应给仔犬补充牛奶。在仔犬未睁开眼睛时，用奶瓶喂加温到 27 ~ 30℃ 的新鲜牛奶。10 ~ 15 天内，每只仔犬每天 50 毫升；15 天以后增加到 100 毫升；20 天时增加到 200 毫升，每天喂 3 ~ 4 次。当仔犬睁开眼睛后，可用浅平的小盘子喂，一般仔犬会自己舔食，并可在牛奶中少加一些米汤或稀粥。25 天以后再加一些肉汤，加入量逐渐增加到 200 ~ 250 克。30 天以后再加入切碎的熟瘦肉，每次 15 ~ 25 克，分早晚两次补给。母犬乳汁的蛋白质、脂肪含量比牛乳高 3 倍左右，30 天后也可以在 100 毫升牛乳中冲上一个生鸡蛋或加一些奶粉补饲。补饲一个月以后，仔犬要增加补饲量。通常可喂饲由牛奶、鸡蛋、碎肉、稀粥组成的半流汁混合物，再适当添加一点鱼肝油、骨粉等，每天喂饲 4 ~ 5 次。到 40 天左右母犬基本停止泌乳，开始不让仔犬接近，不让仔犬吮奶，这时该对仔犬进行断奶了，也可以将仔犬与母犬分开饲养了。

4. 人工哺乳与寄养

（1）人工哺乳。人工哺乳的仔犬，应在充分吃到初乳后，以出生后 8 天左右，离开母犬为适宜，这样仔犬已获得了一定的母源抗体。同时，对外界环境也有一定的适应能力了。在每次哺乳时，应用消毒棉球拭擦仔犬的臀部，刺激其及时排除大小便，直至 20 天左右自己能排大小便为止。人工哺乳期间要加强对仔犬的护理，最初 10 天内白天每 2 小时、夜间每 3~6 小时哺乳一次。仔犬未睁眼前用奶瓶投喂，睁眼后可改用浅盘投喂，每昼夜不少于 100 毫升。应注意乳汁的温度。

（2）寄养。母犬分娩后死亡或产仔过多，或某种原因失去哺乳能力时，仔犬应及时进行寄养。接受寄养的母犬称为保姆犬。保姆犬的产仔时间应与原产仔母犬相接近。实行寄养前应将保姆犬的乳汁或尿涂在需寄养的仔犬身上，寄养仔犬应在保姆犬不注意的时候，混入保姆犬自己所生的仔犬中。

5. 日光浴

仔犬出生后一周就可以进行户外活动，可在风和日丽的好天气里，每天上午和下午两次将它们抱到室外和母犬一起晒太阳，每次可玩耍半小时，能防止佝偻病和皮肤病的发生。20 天左右时应及时修剪犬爪，以免损伤母犬的乳房。

6. 驱虫

当犬到 25 日龄以后，应开始进行驱虫。

六、仔犬断乳

1. 断奶时间

仔犬生长到 5~6 周，应做好断奶的准备。因为这时母奶的营养已不能满足仔犬生长发育的需要，再不断奶对母犬和仔犬的身体都不利。不适时"断奶"会造成母犬负担过重和仔犬发育不良。对于种母犬来讲还会影响下一个发情期的配种与繁殖。

2. 断奶方法

在断奶前应使仔犬有一个适应的过程，使仔犬在生活和环境方面不感到突然的变化。即采用逐渐断奶法，逐步减少吃奶的次数，增加补饲的次数；逐步减少与母犬的接触，增加单独活动的时间等。这个过程需要一周的时间。

3. 注意事项

仔犬断奶后的食物应富有蛋白质，应采取定量、定时，少吃多餐，以适应仔犬消化系统的特点。通常每天喂 4~5 次，每次吃七成饱。断奶后的仔犬犬舍应保持干燥清洁、通风良好。

第七章　萨摩耶犬的健康

一、病犬护理与术后护理

（一）病犬护理

常言道：十分病，三分治，七分养。犬和人一样，得了病除及时诊治外，科学调养和精心护理对疾病康复是非常重要的。

1. 消除病因

根据兽医对患犬确诊的病因，应立即采取相应措施消除。如本地方已流行的某种犬病，应将病犬隔离，控制外出，进行治疗；如病犬为饲料营养失衡引起的代谢性疾病，应立即调整犬的日粮，合理搭配，力求营养全价均衡；如病犬患病是某种食物霉变引起的，应立即更换饲料。如疾病是由管理因素造成的，应优化犬的生活环境，采用科学手段进行饲养。

2. 精心管理

（1）及时治疗。病犬作为一类比较特殊的犬群，必须单独关养、单独护理，促使其早日恢复健康。遵照医嘱准时给病犬用药治疗，认真观察病情变化，定时测量犬的体温、脉搏，做好护理记录，发现异常及时处理。

（2）严格消毒。必须保证犬舍和犬体的卫生、清洁和干燥，潮湿的环境不利于犬的康复，犬身上和犬舍中的污物要及时清除，并及时运走进行消毒处理，以免造成传染，对病犬的床、地面、墙壁、门窗用3%～5%来苏儿溶液，或0.3%～0.5%过氧乙酸溶液消毒，食盆可用水煮沸消毒。

（3）优化环境。病犬住处要保持良好通风和日光照射。病犬舍室温冬季应保持14～16℃，夏季在20～23℃。冬季要注意保温，铺垫物要加厚，夏季可开动排风扇，保持冬暖夏凉。犬舍要保持清洁卫生，消灭蚊蝇，减少噪音干扰，降低病犬应激反应，犬舍内湿度要保持在50%～60%。

（4）精心护理。饲料温度以不烫手为宜。病犬眼角常积有眼屎，可用2%硼酸棉球轻轻擦拭眼屎。病犬牙齿有较多牙垢，对牙有腐蚀作用，可用盐水浸湿的布条擦洗牙齿。病犬患病时间长，会使皮毛积累污垢和灰尘，可用梳子给病犬梳理被毛，既能使犬体清洁，又能增进皮肤的血液循环，有利于病犬康复。

（二）术后护理

病犬术后护理是犬病治疗过程中的一个重要环节。对采取手术治疗的病犬，手术完成后，不等于手术治疗全部任务的完成，必须对犬精心护理，才能保证手术治疗成功。所谓"三分治疗，七分护理"，其含义就在于强调一般易于疏忽的术后护理的重要性。一般来说，病犬手术完成后，对病犬的术后护理应注意以下方面：

1. 术后喂饮

犬由于受手术的刺激或损伤，食欲降低，甚至不食，除了应细心观察犬的饮食状态外，还应尽可能地使犬恢复食欲，尽量让犬食入一些营养物质来补充身体需要。对于暂时丧失了进食功能的犬，术后应及时经静脉输液或经其他途径给予一定量的能量物质，以补充体力，直至恢复采食功能。

（1）术后饲喂：

术后饲喂应根据手术性质、手术部位而定。一般较大的手术，如剖腹术、肠管术等，手术后不宜立即饲喂，应在其生理指标及肠音基本恢复并开始排便后，方可第一次饲喂。饲喂时应选择柔软易消化、富含蛋白质和维生素的食物。对一般手术，且饲喂不影响术部创口的愈合，则不应限制饲喂。对术后机体衰弱或消化道功能尚未完全恢复的病犬，则应以递增的方式逐渐恢复至正常饲喂量，避免一次吃入过量食物，造成消化功能紊乱。

（2）术后饮水：

对施行全麻的病犬，术后4～6小时之内，不应给水，因其吞咽机能尚未完全恢复，易导致误咽。当能饮水时也不宜过量，水温不宜过凉，且应少喝勤饮。对一般手术，术后可立即饮水，不必加以限制。

2. 术后管理

（1）术后注意犬的安全问题。术后犬常出现的危险情况有呕吐窒息、呼吸道阻塞、低体温休克、细菌感染、自我损伤或被其他动物损伤等。因此，对经过麻醉术后的犬应多加关注。对施行全麻的病犬，在麻醉尚未完全苏醒时应注意看管，避免摔伤或因摔倒引起缝线扯断和创口污染。因此，术后应将病犬放置于犬箱中，防止犬乱动。为保持呼吸道畅通，防止因舌、咽部肌肉松弛而引起窒息，可让犬侧身卧。苏醒期的犬如有唾液明显增多现象，宜给予一定量的阿托品肌内注射，剂量与麻醉前用药相同。阿托品不仅能减少唾液的分泌，同时也可防止呕吐的发生。如因疼痛而躁动不安时，除事先采取制动措施外，必要时可按照术前剂量给予一定量的哌替啶或氯丙嗪肌内注射。术后的犬应单独放置，以防止被其他动物损伤。

（2）注意保温。对施行全麻的病犬，其体温在一定时间内往往偏低，因此，应注意使室温保持在 25 ~ 30℃ 间，必要时可用电暖气或红外线灯取暖，防止感冒或创口被冻伤。低体温休克是犬手术后死亡的一个重要原因。很多兽医人员往往只注意手术本身和术后感染，而忽略术后环境温度。

（3）术后运动。术后运动是一个有助于病犬康复的积极措施。早期适当运动能帮助消化，促进循环，增强体质，有利于术部功能的恢复以及伤口的愈合。例如，对于一般的腹部手术，如果病犬在术后能自由走动，术后 2 ~ 3 天即可牵着犬进行运动。早期运动时间宜短，速度应慢些，每次 10 ~ 15 分钟，以后逐渐增加运动时间和运动强度。但如果过早运动或过度运动，可能导致术后出血，缝线裂开或机体疲劳（尤其是体弱病犬），反而不利于创伤愈合和机体的康复。

（4）注意卫生。动物室的环境要求清洁卫生、安静、光线柔和。犬舍内和犬床应保持干燥，随时清除粪尿和污物等。

3. 术后诊查

术后 1 ~ 3 天内，仔细而经常地观察病犬，犬主人应耐心守护，每隔 0.5 ~ 1 小时记录呼吸、脉搏、体温和精神、食欲、排便以及切口的局部变化。根据病情发展的需要，也可进行其他检查或实验室化验。在对病犬检查时，尤其要重视术部的检查，要注意术部有无出血或其他并发症，发现后应及时采取措施，防止意外和感染。

一般来说，在术后 3 ~ 4 天内，应着重注意病犬体温的变化，病犬可能会出现暂时性的体温升高，但体温一般不超过正常体温 1 ~ 2℃，而且不久即可复原。如果体温偏高，而且持续时间较久，则应检查是否由于感染造成。手术切口的状态，在术后 3 天内可出现轻度炎性水肿（无菌性炎症），随即逐渐消退。如果切口持续敏感、水肿、局部温度升高并流出较多量创液，应立即拆除 1 ~ 2 针缝线，检查创口情况，给予适当处理。

4. 术后治疗

手术后，应按病犬的具体情况，对犬实行相应的对症治疗措施，如强心、补液，补充丢失的体液及电解质。为了预防并发症和控制感染，可按疗程应用抗细菌、抗病毒药物。对术部，一般经 7 ~ 10 天即可拆线。拆线后，勿让犬做剧烈运动和啃咬术部，以防创口撕开。如术部已感染化脓，应及时拆出部分或全部缝线，按化脓创进行处置。

（三）术后常见问题的处理

1. 疼痛

术后疼痛可引起犬的行动异常、哀叫、饮食异常、心率加快甚至循环衰竭等，因此，应予以适当处理。其主要处理方法是应用镇痛药缓解疼痛。对于剖腹术、开胸术等一些损伤性较大的手术，术后 24 ~ 48 小时应连续给吗啡或哌替啶等止痛药。如果手术相对较小，一般不给止痛药。

2. 呕吐

术前禁食可减少术后呕吐。当发生呕吐时，应调整犬的体位，使其头部低于胸部和腹部，并用 50 毫升注射器清除口腔或咽喉部的呕吐物。如已发生误吸，应立即吸氧，并应用皮质激素，如甲泼尼龙 30 毫克，静注，同时给以广谱抗生素。

3. 呼吸抑制

术后呼吸抑制常常与麻醉有关，选择适当的麻醉方法和药物剂量，可减轻术后的呼吸抑制。术后应仔细观察犬的呼吸频率和幅度，如果呼吸抑制明显，可使用尼可刹米等呼吸兴奋剂，有条件时并予吸氧。

4. 伤口感染

手术的无菌操作是预防术后伤口感染的主要措施。然而，术后伤口感染与术后的护理往往也有很大关系。因此术后首先对犬体（尤其是术部）尽量保持清洁。对已出现伤口感染者，则可采用抗生素治疗。

5. 尿潴留

盆腔手术或脊椎麻醉后排尿的神经反射障碍，会阴部手术后疼痛，引起反射性的膀胱括约肌痉挛，腹部切口疼痛腹肌协助排尿的作用减退等因素都可引起术后犬的尿潴留。处理方法为实施导尿术。

6. 肠粘连

术后引起肠粘连的原因有：手术中对腹膜或肠管浆膜反复粗暴的机械性刺激；凝血块在腹腔内多量的积存；病原菌在腹腔内感染经抗生素控制，形成局限性腹膜炎，随即形成大面积的肠粘连。防治肠粘连可采取以下方法：手术时尽量减少对腹膜和内脏的刺激。剖腹探查时，严格按照探查程序，不得损伤组织器官；进行肠管吻合术时，严格执行无菌操作，彻底止血，清除腹腔内血凝块；对污染可疑的腹腔手术，术后应用抗生素；术后早期饲喂适量柔软食物，并早期散放，对肠蠕动机能恢复及预防肠粘连，有明显的效果。

7. 腹部切口破裂

术后引起腹部切口破裂的原因有：切口缝合不佳；贫血、血浆蛋白低、维生素缺乏的老年犬，营养不良的幼龄犬或恶病质的病犬，其组织修复愈合能力降低；或因术后咳嗽、腹水增加、腹胀等使腹内压增高。处理方法为：见到内脏的，立即用无菌纱布及治疗巾覆盖伤口，腹带加压包扎，准备急症手术缝合；内脏脱出较多的，除按上述处理外，在全身浅麻醉下，将内脏用灭菌生理盐水冲洗还入腹腔后再缝合；术后应输血，加强营养，积极防治感染，消除使腹内压增高的因素。

二、紧急情况的处理

（一）出血与止血

当有外出血时，应根据出血性质、出血部位和实际条件进行暂时或彻底的止血。一些划伤、刺伤等，流血量一般不多，不会造成感染，伤口很快就复原；如伤口很大很深，应立即止血、稳定伤势，将病犬送医院。注意处理伤口前先洗手，最好先戴上一次性塑料手套以保个人安全。

1. 止血

止血应迅速，否则造成失血过多，引起失血性休克。常见的止血方法有：

（1）纱布止血：适用于毛细血管渗血和小血管出血。用温生理盐水纱布块压迫出血处数秒，即可止血。

（2）钳夹止血：适用于小血管出血。用止血钳前端夹住血管断端止血。应用垂直钳夹血管，以减少血管损伤。

（3）结扎止血：适用于明显、较大的血管出血，是最可靠的一种止血方法。根据出血血管大小，用止血钳夹住断端血管后，用缝线进行单纯或贯穿结扎止血。

（4）局部药物止血：常用明胶海绵或 0.1% 肾上腺素、1%～2% 麻黄素溶液浸湿纱布压迫止血。

（5）止血带止血：适用于四肢和尾部止血。用橡皮管或电线、铁丝、细绳等作止血带使用时，局部应垫上纱布，以防损伤局部组织、血管和神经。具体止血方法是用力（以止血带远侧端的脉搏消失为度）在手术部位上 1/3 处缠绕数周并固定，即可止血。但须注意，缠绕时间不得超过 2 小时，冬季不得超过 1 小时。如果犬处于运输途中或手术尚未完成，可将止血带临时松开 30 秒，使局部血液循环，然后重新缠扎。

2. 包扎

若敷料上未发现有血渗出，而且当伤口已经基本上止了血，这时就用胶布把敷料固定即可。

（二）人工呼吸

人工呼吸适用于溺水或电击后呼吸停止、药物中毒（如巴比妥类、吗啡类药物中毒）、外伤性呼吸停止或由于受到强烈刺激而发生的反射性呼吸暂停以及因麻醉过深而抑制了呼吸中枢等情况。操作方法是：首先使犬侧卧，将舌头掏出后观察口内的情况，如有呕吐物堵住呼吸道，可能会造成呼吸困难，应清除干净。在确定呼吸道畅通后可进行人工呼吸。由于犬的肺位于肋骨下缘，可用双手按住肩胛骨旁的肋骨位置，将肺中的空气挤压出来，然后猛地松开手，以使新鲜空气进入肺部，重复上述动作直至犬能自己呼吸。可拍打犬腹部 1～2 次，然后用手抓住后肢反复甩动 10 次左右，再把犬放下观察，如无反应，则重复上述动作。

（三）中暑

（1）立即将病犬从高温或日晒环境转移到阴凉通风处休息或平卧。

（2）用冷水擦浴，湿毛巾覆盖身体，在头部置冰袋等方法降温，需注意水温不要太低。因为过低的水温会造成周围血管剧烈收缩，反而达不到散热的效果。也可用酒精擦拭体表，促进散热。

（3）因为中暑的犬容易出现喉部水肿，所以应该注意犬的呼吸状况，并应随时将动物颈部伸直，使其呼吸顺畅。

（4）及时给病犬口服盐水。

（5）在紧急治疗过程中，要随时注意患犬的体温，当体温降至38℃时，就应立即擦干犬体，让犬安卧休息，以免过度散热造成低体温。

（6）如果患犬出现呕吐现象，应使用辅助工具（如竹筷、笔等）小心地将呕吐物从口中清除，并将头部朝下，避免犬又将呕吐物吸入气管内，造成吸入性肺炎。

（7）若犬持续昏迷不醒，可于颈静脉适当放血，然后再注射复方氯化钠溶液250～500毫升。若有痉挛及惊厥时，可使用10%葡萄糖酸钙注射液。发病期要按时注射强心剂，如安钠咖等。

（四）中毒

中毒后可分除毒、解毒和对症三步急救。

1. 延缓吸收

这是最先做的工作，也是最重要的一步。

（1）冲洗。如是毒物经皮肤吸收，用清水反复冲洗患犬的皮肤和被毛，或放入浴缸中浸泡。清洗时，人应戴防水手套，轻擦轻洗。对于吸入毒物（气），应立即将犬脱离中毒现场，搬至空气新鲜的地方。

（2）催吐。催吐在吃入毒物的短时间内效果好，可服用1%硫酸锌溶液50～100毫升，必要时用阿扑吗啡5毫克皮下注射。当毒物已食入4小时以上或已发生昏迷、抽搐、惊厥的犬不能用催吐药物。孕犬应慎用。

（3）洗胃。在不能催吐或催吐后不能见效的情况下采用洗胃的方法。毒物摄入2小时内使用效果好。常用温盐水、温开水、1%～2%氯化钠溶液、温肥皂水、浓茶水和1%苏打液等。

（4）泻下。泻下是促进胃肠内毒物排出的又一种方法，注意不能使用植物油，因为毒物可溶于其中，延长中毒时间。

（5）灌肠。腐蚀性毒物中毒可灌入蛋、稠米汤、淀粉糊、牛奶等，以保护胃肠黏膜，延缓毒物的吸收；如由皮下、肌肉注射引起的中毒，时间还不长，可在原针处周围肌肉注射1%肾上腺素0.5毫克，以延缓吸收。

（6）放血。在中毒初期心脏尚未衰弱，毒物停留于血液中未侵及肾脏时，静脉放血有良好效果。但在放血较多时，应于放血后注入两倍放血量的复方氯化钠溶液或等渗葡萄糖液。

2. 加快已吸收毒物的排除

常用速尿和甘露醇等利尿剂，加速毒物从尿液中排除。口服速尿20～40毫克/日，肌注或静注1～2毫克/千克体重，每天1～2次。甘露醇，1～2克/千克体重，静脉注射，间隔4～6小时重复一次。静脉注射25%～50%的葡萄糖，具有利尿及保肝解毒的双重作用。使用时，若不见尿量增加，应禁止重复使用。

3. 特效解毒

氢氰酸及氰化物中毒可用亚硝酸钠、美兰或者硫代硫酸钠与亚硝酸盐配合使用解毒；有机磷农药中毒时，先用阿托品，然后用解磷定或氯磷定或双解磷或双复磷解毒；铅、汞、铜、硒、铬等重金属盐类中毒时可用依地酸钙钠（乙二胺四乙酸二钠钙）解毒；砷、汞中毒用二巯基丙黄酸钠或二巯基丙醇解毒；氟乙酰胺中毒用乙酰胺解毒等。

4. 支持及对症治疗

在完成前两个步骤后，可根据患犬的具体情况进行支持及对症治疗。常用的药物有葡萄糖、B族维生素、维生素C、三磷酸腺苷、辅酶A、强力解毒敏等。

三、异常症状与易患疾病

（一）创伤

1. 病因

创伤原因是多种多样的，可由碰伤、咬伤等多种原因导致。

2. 临床表现

创伤表现为破皮流血，严重时可引起行动不便。（图7-1）

图7-1　2月龄幼犬咬架受伤，导致眼球脱出

3. 处置方法

对创伤，根据其轻重程度采取相应措施。小的局部创伤只需在伤口涂些碘酒消毒后用纱布缠住即可。受伤严重时，应先以压迫法或钳压法止血，并修理创伤口，然后进行必要缝合。对那些已被感染化脓的创伤口，应剪去伤口周围的毛，用过氧化氢溶液洗涤，然后消除伤口及周围皮肤的毒，后用碘酒涂擦，然后根据创伤性质及部位进行创伤部分或全部切除。如创缘缝合时，必须留有渗出物排泄口，并装纱布引流，也可装防腐绷带或实行开放治疗。

（二）发热

发热又称发烧，是机体防御疾病和适应内外环境异常的一种代偿性反应，但高热持续过久，会对机体产生不良影响，如加重心脏负担（体温每升高1℃，心率则增加 15～20 次/分），使大脑皮质过度兴奋（产生烦躁、惊厥），也可发生高度抑制引起嗜睡、昏迷。

1. 病因

（1）感染。这是临床上最常见的原因。各种病原体，如病毒、支原体、细菌、真菌、寄生虫等所引起的感染，不论是急性、亚急性或慢性，局部性或全身性，均可出现发热。

（2）非感染性因素：

机械性、物理性或化学性损害，如大手术后组织损伤、内出血、大血肿、大面积烧伤等；抗原 - 抗体反应，如风湿热、血清病、药物热等。

内分泌与代谢障碍：可引起产热过多或散热过少而导致发热。前者如甲状腺功能亢进，后者如重度失水等。

皮肤散热减少：慢性心功能不全时由于心输出量降低、皮肤血流量减少，以及水肿的隔热作用，致散热减少而引起发热，一般为低热。

体温调节中枢功能失常：如中暑。

植物神经功能紊乱：发热是由于植物神经功能紊乱，影响正常的体温调节所致，属功能性发热范畴，临床上常表现为低热。

2. 处置方法

引起发热的疾病非常多，单凭发热不易确定诊断，必须结合病史、症状和必要的化验等多种资料，判断其可能性。犬主人的护理目标是使患犬恢复正常体温。

（1）发热的犬立即停止运动，使其安静休息。给予清淡易消化的高热量、高蛋白流质或半流质饮食。

（2）给犬多喝水，让其多排尿。

（3）口服或注射解热镇痛药物：可选用阿斯匹林、安乃近、扑热息痛及消炎痛口服，也可选用其他解热镇痛药物。

（4）物理降温：可采用 75% 酒精或温水擦拭四肢、胸、背及颈等处，也可以用冰水或凉水浸湿毛巾冷敷，一般敷于颈旁、腹股沟、腋下等处，每隔 5 分钟左右更换一次。

（5）烦躁不安的患犬可给镇静剂，如苯巴比妥钠，每千克体重 4 毫克，皮下注射。

（6）输液：病情较重或有脱水现象者，给予 5% 葡萄糖生理盐水静脉滴注。

（7）发热度较高，病情较重，白细胞显著升高而原因尚不明了，应给予青霉素、先锋霉素或其他抗生素治疗。

（8）保持犬舍适宜的温度和湿度：注意犬舍空气流通、新鲜，但避免对流风，以防止着凉。

（9）密切观察病情变化：定时测量并记录一次体温、脉搏和呼吸的变化，高热或超高热患犬，每 1～2 小时测量体温一次。

（10）采取退热措施后半小时复测体温一次，同时观察有无体温骤降、大汗淋漓、面色苍白、四肢厥冷等虚脱现象，发现异常及时就医。

（三）呕吐

呕吐是犬的常见病症。犬的食管壁上有丰富的横纹肌，当吃进异物后能引起强烈的呕吐反射，把吞入胃内的异物排出，这是犬的一种本能反应。犬呕吐时，最初略显不安，然后伸颈将头接近地面，此时腹肌强烈收缩，并张口做呕吐状，如此数次即可发生呕吐。频繁或长期呕吐，可影响进食，导致失水、电解质紊乱、营养吸入减少，甚至可危及生命。

1. 病因

呕吐不只是消化系统的常见症状，也可见于其他各系统的疾病，可为器质性疾病的症状，也可为功能性的表现，就其发生原因而言，可分为以下几大类：

（1）中枢性呕吐。中枢性呕吐是由于延脑中的呕吐中枢直接受到刺激所引起的，常见于以下因素：

①由于颅部病变直接压迫，或者药物刺激延髓内的呕吐中枢，增加其兴奋性而引起。

②中枢神经感染：常见于各种细菌感染引起的脑膜炎、病毒引起的脑膜脑炎、脑脓肿、寄生虫引起的脑寄生虫病等。

③中枢非感染性疾病：包括脑血管病、脑肿瘤等。

（2）反射性呕吐。反射性呕吐是由于延脑以外的器官受到刺激时，反射地引起呕吐中枢兴奋而发生的，常见于以下因素：

①咽喉部疾病：咽喉炎症、异物存在时均可引起呕吐。如咽炎、扁桃体炎、食物刺激等。

②食管疾病：如食管异物。

③胃部疾病：炎症性者可见于各种胃炎、胃肠炎等。非炎症性病变可见于胃扭转、幽门痉挛、幽门梗阻等。

④肠道疾病：肠道感染性疾病中常见者有各种病原体引起的肠炎。非感染性炎症以肠梗阻、肠套叠多见。

⑤腹腔脏器疾病：肝胆疾病，各种原因引起的肝炎、胆囊炎、急性或慢性胰腺炎，各种原因引起的原发性或继发性腹膜炎等。

⑥呼吸系统疾病：呼吸道感染均可引起呕吐。

⑦泌尿系统疾病：感染、尿毒症等。

⑧循环系统疾病：各种心脏病伴发心功能不全时、严重的心率紊乱等，均可出现不同程度的呕吐。

⑨各种中毒及药物反应：误食或误用各种药物、毒物而引起中毒。

⑩代谢障碍：在各种代谢性疾病或有代谢过程紊乱时，均可发生呕吐。常见者有水、电解质紊乱，各种原因引起的酸碱平衡失调、尿毒症、糖尿病等。

⑪前庭受到刺激：如晕车、晕船、内耳疾病等。

2. 诊断

诊断时首先要明确以下几点：

分清感染与非感染性疾病；分清胃肠道疾病与其他系统疾病；分清是否为中枢神经系统疾病；分清外科病与非外科病；以呕吐为主要表现者，首先考虑胃肠道疾病，其次是中枢神经系统疾病；呕吐只是病症之一，在诊断时应结合其他症状和体征做具体分析。

（1）病史：

①病程长短：一般神经性呕吐、脑肿瘤、幽门梗阻等病程较长。传染病、腹内炎症、药物等所致的呕吐病期较短。

②呕吐与进食的关系：呕吐与进食有关者，首先应考虑消化道病变。病变位置越靠上则进食后出现呕吐的时间越短。食管和贲门病变多在进食后立即吐出，并不包括胃内容物，而是刚刚吃入的食物。进食后稍久即发生呕吐，且呕吐物中伴有胃内容物，说明病变的部位在胃内部。肠道病变与进食无直接关系。咽喉部病变，通过食物刺激也可发生进食后呕吐。

③呕吐内容物与病变部位：根据呕吐内容物性质，有时可判定病变的部位。如呕吐物即为刚进入的食物，则病变在食管；如呕吐物为胃内容物，则病变在胃部；呕吐物中有胆汁，病变在中消化道；呕吐物带有粪臭味提示大肠堵塞；如呕吐物中带有血液、鲜血或咖啡样物则说明病变部位多在上消化道。

④腹痛：注意腹痛的部位及与呕吐的关系。呕吐及伴有腹痛者提示为腹部内脏的炎症、胃肠道梗阻、结石症等。

⑤呕吐程度：如呕吐频繁为主要表现，应考虑消化道疾病和中枢性疾病；如呕吐偶尔发生，以其他表现为主，则为其他系统疾病，呕吐仅为伴随症状。但是在中枢病变时，有时呕吐并非主要表现，只有伴有颅内压升高时，呕吐才会频繁发生。即使呕吐次数不多，但呈喷射性，也应考虑中枢性病变。

注意有无服用刺激性的药物史等。

（2）体格检查：注意一般营养状况及精神状态，主要为脑膜刺激症状。

①胸部检查：各种气管、肺部病变，包括感染与非感染性疾病，可伴有不同程度的呕吐，有时呕吐发生在咳嗽后。呼吸困难、呼吸急促、缺氧明显时，也可出现呕吐，咳嗽可不明显。心脏病伴呕吐，常见于心力衰竭时。所以，在心脏检查时，注意心脏的扩大，心杂音的有无，有无心率紊乱。心包炎、胸膜炎也可引起反射性呕吐，因此听诊要注意胸膜摩擦音和心包摩擦音。

②腹部检查：腹部检查是重点。当然，有些引起呕吐的消化道病变，尤其是上消化道疾病，可无明显的腹部体征。首先观察腹部外形，腹部膨隆可见于肠梗阻、腹膜炎、腹水等。腹部触诊压痛伴肌紧张见于腹膜炎等。

③其他部位检查：四肢浮肿见于肾炎；皮肤化脓灶存在，提示败血症的

可能。代谢性疾病常伴有肝脾肿大、骨骼和体型改变。

（3）实验室检查

①血、尿、便常规检查：外周白细胞总数及中性白细胞明显升高，见于严重的细菌感染。对于呕吐而言，首先要排除中枢神经系统感染、急腹症、败血症。慢性贫血要注意消化道出血，如胃肠溃疡、钩虫病、全身疾病中的尿毒症。尿液检查以排除肾炎和泌尿系统感染，粪便检查有形成分出现见于各种肠炎，潜血试验阳性说明消化道出血。虫卵存在说明有寄生虫存在，可能与本病有关。

②血液检查：包括血液电解质、血糖、尿素氮、肾功能、有关内分泌病、代谢障碍病的有关检查。

③X线检查：这是有诊断价值的检查项目，它对于食管异常、胃扭转等疾病有确诊性价值，对肠梗阻、十二指肠溃疡、腹膜炎有重要的参考价值。

3. 处置方法

呕吐是许多疾病在发生发展过程中的一种症状，因此在治疗呕吐的同时，还必须根除引起呕吐的病因，这样才能使病犬早日康复。

（1）呕吐的处理：频繁呕吐影响进食，应禁食，并及时静脉补充营养和水分。一般呕吐对进食不反射影响者，无须特殊处理，在治疗原发病后呕吐也即消失。而且，呕吐作为一个症状，单独止吐也解决不了根本问题。

（2）感染性疾病所致呕吐：控制感染是主要措施。对于细菌感染使用相应的抗生素。一般病例可以口服，严重的病犬应静脉点滴抗生素。病毒感染主要是对症处理。中枢神经系统感染时，呕吐是颅压升高的一种表现，应用脱水剂减低颅压。

（3）手术治疗：由先天或后天造成的急腹症，应进行手术治疗。

（4）非感染性疾病的内科治疗：

①由心力衰竭引起的呕吐，积极控制心力衰竭，同时治疗原发病。

②水、电解质紊乱、酸碱平衡失调所致呕吐，应补液，调节调整电解质，纠正酸中毒或碱中毒，同时治疗原发病。

③呕吐型癫痫，应用抗癫痫药物。

④药物引起的呕吐，按照病情必须应用时，可减量观察，停药后对病情无多大影响时，立即停药。

（四）腹泻

腹泻是最常见的临床症状之一，是指粪便稀薄如水样或稀粥样，临床上表现为排便次数明显增多。腹泻可以导致营养不良，营养不良又使腹泻迁延不愈，二者互为恶性循环。腹泻严重时可导致死亡。因此发现犬有腹泻症状后要及时诊治。

1. 分类及原因

（1）渗出性腹泻。感染渗出性腹泻：临床上最常见的就是感染，由感染引起犬的腹泻叫做感染性腹泻。临床上各种年龄的犬均可发生，但以仔犬和幼犬多发。常由细菌感染（如致病性大肠杆菌、沙门氏菌）、病毒感染（如犬细小病毒、犬冠状病毒）、真菌感染（如白色念珠菌、组织胞浆菌）、寄生虫感染（如弓形体、蛔虫）造成。非感染渗出性腹泻：如肠道肿瘤、肠道过敏等可造成肠黏膜损害和渗出，引起腹泻。

（2）渗透性腹泻。由于肠腔内不能吸收的溶质增加或肠道吸收功能障碍，引起肠腔渗透压增加，滞留大量水分而产生的腹泻，称为渗透性腹泻。致发渗透性腹泻的原因较多，如消化机能不全（如慢性胰腺炎）、严重肝病、回肠疾病、充血性心力衰竭以及硫酸钠和硫酸镁等药物。

（3）分泌性腹泻。由于胃肠道水和电解质分泌过多或吸收减少，分泌量超过吸收量所引起的腹泻，称为分泌性腹泻。常见病因包括细菌产生的毒素、导泻剂、胆碱能药物和食物过敏及变态反应性肠炎等。分泌性腹泻的特征是粪便量多，呈水样，无红细胞和白细胞，其 pH 值接近中性或偏碱性，禁食后腹泻仍持续存在。

2. 处理

腹泻的治疗主要通过三种途径：补充体液，应用肠道保护剂或吸附剂，全身应用抗生素。

（1）及时补液。病犬脱水严重时，应根据皮肤弹性、眼球下陷情况，以及测定红细胞容积和血清总蛋白来确定脱水程度，首选林格氏液或乳酸林格氏液（成品）与 5% 的葡萄糖以 1:1～2 的比例静脉滴注。

（2）对症下药。首先要查明引起腹泻的病因，有针对性地进行治疗。凡病毒性传染病引起的腹泻应用抗病毒药和高免血清，并同时进行补液和抗菌抗炎等药物治疗。凡寄生虫病引起的腹泻，应首先进行驱虫；若先腹泻尔后继发了肠套叠则必须进行肠套叠的复位术。腹泻较重及废食病犬临床表现为低血钾的，应注意补钾。腹泻严重的犬常常伴发代谢性酸中毒，静脉补液可用林格氏液和5%的碳酸氢钠。病程长者在输液中应注意补充少量氧化钾，对于呕吐和肠蠕动亢进的犬，可用止吐灵注射液0.5~2毫升肌注，庆大霉素2~5毫克/千克肌注。胃肠道出血严重者可在糖盐水中加入安络血或止血敏、维生素 K_3 及口服或直肠灌注云南白药。腹泻严重者，可用阿托品5~10毫克肌注，鞣酸蛋白100毫克/千克口服或氢氧化铝口服，收敛和保护肠道黏膜。

（3）杀菌消炎。对于单纯细菌性腹泻则主要侧重于杀菌、消炎、止血、防脱水，不必急于止泻，炎症消除后，腹泻自然停止。

（4）加强护理。恢复期病犬，应加强护理，给予易消化的流质食物，少食、多餐，大量饮用口服补盐液或糖盐水等。

（5）预防方面。禁止饲喂腐败的饲料，以免犬感染菌痢或中毒性肠炎。散放犬时，禁止乱捡食物吃。管理好粪便、污物并及时消毒。给犬喝干净清洁的自来水，不要让犬喝脏的雨水或雪水等。

（五）便秘

便秘是因犬的肠内容物停滞，并逐渐变干、变硬，造成肠管堵塞、排粪困难的一种腹痛性疾病，也是犬饲养管理中常出现的一种临床症状。

1. 原因

（1）长期饲喂干固性的食物或缺乏饮水，或喂过量的骨头，进而使犬的大肠内形成大而硬的粪块，导致便秘。

（2）环境的突然改变，犬又缺乏运动，打乱了原有的排粪规律，也会引起便秘。

（3）犬患有肛门脓肿、直肠肿瘤等疾病，因排粪感到疼痛，逐渐使正常的排粪意消失引起便秘。

（4）其他因素如患有某些慢性病、服用某些药物或有肠套叠、骨盆骨折等疾病时也会引起便秘。

2. 临床表现

病犬常表现为不安，虽然做出排便的姿势，但不能排出粪便或排便费力、排出困难、排不干净或排出的大便干结，有时仅能排出几滴粘液，甚至排便时发出嚎叫声，此时尾巴伸直，肛门红肿，可能伴有腹胀、腹痛、恶心、食欲减退、口臭、全身无力等症状。一般 2 天以上犬不排便，就说明便秘可能存在。

3. 处理

（1）调整犬的日粮配方。适当增加纤维素含量，多饲喂蔬菜，可以防治便秘。

（2）养成定时进餐、定时排便的习惯。进食能促进胃肠反射，不定时排便能够降低排便反射的敏感度。

（3）及时治疗原发病。因患有肛周脓肿、肛门炎症、肠套叠等疾病的犬，应针对原发病进行治疗。

（4）便秘发生后，可服用缓泻药如硫酸钠或硫酸镁 5 ~ 30 克，或液态石蜡 5 ~ 30 毫升，也可选用中药芒硝、大黄各 5 ~ 15 克，研末后用蜂蜜调和，然后内服。

（5）使犬适当运动，并给予足够的饮水。

（6）如果用上述方法治疗后，便秘的症状仍然不能缓解，就应及时送医院实施手术。

（六）异嗜

犬异嗜的发病率较高，尤以 1 岁龄以内的犬多发。患犬常吞食各种各样的异物，由于犬异嗜而引发的如胃肠堵塞、金属物品对消化道的损伤以及中毒等急性病症时有发生。犬异嗜常常是某些疾病的症状。

1. 病因

（1）肠道寄生虫。当体内寄生蛔虫、钩虫、绦虫时可引发犬异嗜。轻度感染时，一般不呈现明显症状，异嗜现象不易察觉；严重感染时，犬出现明显的异嗜，并伴有渐进性消瘦，食欲不振，呕吐，下痢或便秘，有时排出虫体或节片。

（2）微量元素及维生素缺乏。常发生于饲料成分长期单调的犬。微量元素和维生素与机体各组织器官的生理功能密切相关，轻度缺乏时，犬一般无明显症状，但常引起异嗜、食欲不振。异嗜的目的是补充相应的微量元素或维生素，其元素繁多、严重缺乏时的症状各不相同。

（3）胰腺炎及胰腺发育不全。犬群体中胰腺炎的发病率较高，但出现临床症状的较少见。临床上表现特征为消化不良性综合征及异嗜。母犬发病多于公犬，幼犬多于中老年犬，不爱活动的肥胖犬发病最多。

（4）恶习。有的犬患有天生的异嗜癖，并非某疾病的症状。对天生异嗜癖的犬，采用惩罚性措施能起到一定疗效。

2. 处理

（1）加强营养。在尚未明确是何种微量元素或维生素缺乏时，可在饲料中添加畜禽用复合微量元素和维生素或人用施尔康。同时应提高饲粮等级，给予容易消化吸收的优质饲粮，使犬从饲粮中获得足够的能量以及各种必需的营养，消除动物从异物中获取营养的行为。同时，给予易消化、高吸收率的饲粮也能减少其排便量，有助于降低食粪的机会。

（2）疾病防治。在极少数病理情况下，犬也会有异嗜行为。此时，应及时到动物医院就诊，对其进行针对性检查。同时，做好卫生防疫与驱虫。驱除犬蛔虫和钩虫，可用左旋咪唑按 10 毫克/千克内服，七天后再给药一次。驱绦虫用吡喹酮5 毫克/千克，空腹一次内服。此外，还应加强运动以及散放管理，从而保证犬有健康的身体。

（3）消除无聊感。出现异嗜现象的犬多是行为上的原因，尤其是长时间圈养在笼中，常因无聊而异嗜。因此，应定时带其外出，以消除无聊感。也可在其无聊时供应任其咬嚼、玩耍而不会食入的玩具，或进行游戏吸引其注意力。清除环境中的异物，使其没有机会吃或舔异物。必要时把家中的花草涂上令犬厌恶的气味剂或呕吐剂，以阻止其异嗜行为。

（4）水枪纠正。即主人拿几支装满水的喷水枪，藏在隐蔽处，发现犬欲摄入异嗜物，即向犬喷水，使犬受到惊吓而逃开，这样反复几次以后，犬就会克服掉异嗜癖。但应注意不要将喷水的动作让犬看见，以免与主人的惩罚联系在一起，应当让犬以为是由于它的摄食行为所引起。

（七）肥胖

肥胖是指犬体内脂肪组织过剩的状态。由于机体的总能量摄入超过能量消耗，过多的能量以脂肪形式蓄积下来而产生肥胖。肥胖是饲养条件好的犬常见的一种脂肪过多性营养疾患。

1. 病因

（1）遗传因素。有些萨摩耶犬具有先天易肥的倾向，而有些萨摩耶犬则属后天易肥。

（2）进食过量。情绪不稳，当萨摩耶犬感到苦闷、无聊、压力时，都会过量进食。如果萨摩耶犬在幼犬期便已过量进食，身体的脂肪细胞便会大量增加，长大以后就会变得更加肥胖，并且难以减肥。

（3）运动不足。适量的运动会把养分转化为有用的能量；相反，运动不足时，不用的能量就会转化为脂肪。

（4）公犬去势、母犬阉除卵巢。萨摩耶犬在绝育之后活动意欲降低，机体不需要太多能量，如果仍然按照绝育前的采食量进食，则会导致肥胖。

（5）病患影响。如糖尿病、甲状腺机能减退、肾上腺皮质机能亢进、垂体瘤、下丘脑损伤等。

2. 临床表现

肥胖犬常表现为皮下脂肪丰富，尤其是腹下和躯体两侧，体态丰满浑圆，用手摸不到肋骨，走路摇摆，反应迟钝，不愿活动。食欲亢进或减退，不耐热，易疲劳，灵活性降低，迟钝或贪睡，稍做运动就出现气喘，容易发生骨折、关节炎，易患心脏病、糖尿病，影响生殖功能等。肥胖严重者甚至出现呼吸急促、心悸。由内分泌异常引起的肥胖可见特征性的皮肤病变和脱毛。

3. 处理

带犬前往动物医院做全面身体检查。如果有病，则应先医治后再减肥。一般来说，只有采取综合性的措施，才能达到减肥与保健的双重目的。

（1）从食物入手。犬的肠胃在减肥初期并不能一下子适应大量纤维。所以，在选购减肥犬粮时要细阅产品标签，不明白时应向兽医咨询。有时，犬并不一定要吃减肥餐的，只要循序渐进，减少它的采食量，也可以获得效果。

（2）适度增加运动量。如果犬活泼健康，而且食欲正常，只不过是轻度超重，只要带它适当多做运动就可以了。初时带犬在家附近四处走动，做做游戏，渐渐增加运动量，例如跑步。当它累得跑不动了，就表示它的运动量已经达到极限，可以让它休息一下再走，不要太勉强。为了体重不反弹，运动的习惯一定要坚持下去。

（3）改变奖励犬的手段。如果平时习惯以糖果或高热量的食物去奖励犬做某些动作，为了控制犬的体重，则需要改变一下，以其他的方式奖励犬。如抚拍犬、给犬抛物衔取、带犬跑动等都是很好的办法。

（4）科学饲养和管理，纠正不合理的生活方式。应定时定量饲喂，采用多次少量的方法，把一天食量分为 3~4 次喂给，平时不再另喂其他零食；对过肥的犬，要减少食量，犬只喂平时正常食量的 60% 即可，切记暴饮暴食、偏食，保证爱犬健康成长。

（八）消瘦

消瘦是由于严重的营养不良导致的极度失重，其特征是由于机体脂肪和蛋白消耗而引起骨骼隆凸。

1. 病因

（1）犬的慢性或进行性消瘦多属于慢性消耗性疾病，如营养不良、结核病、寄生虫病、癌症等。

（2）犬迅速消瘦常见于脱水。清除水肿和腹水时也可能引起消瘦。

2. 处理

（1）当犬消瘦时，犬主人要检查原因。要结合犬的其他症状（犬的食欲，是否呕吐、腹泻、发热，口腔是否异常等）进行判断。

（2）加强饲养管理，给予全价均衡的饮食，并适当提高食物的适口性和经常带犬运动。

（3）治疗原发病，并采取定期驱虫、整肠健胃等措施。

（九）尿血

尿液中带血即为血尿，又称尿血。血尿是泌尿系统疾病的一个临床症状，也见于泌尿系以外的其他疾病或全身性疾病。轻者仅镜下发现红细胞增多，称为镜下血尿；重者外观呈洗肉水样或含有血凝块，称为肉眼血尿。通常每升尿液中含有 1 毫升血液时可呈现肉眼血尿。血尿可发生在一些良性疾病，也可能是严重疾病的信号。

1. 原因

（1）泌尿系本身的疾病（血尿 95% 以上是由于泌尿系本身疾病所致）：

感染：如膀胱炎、肾盂肾炎、尿道炎、急慢性肾炎等可直接损害泌尿器官引起血尿。

肿瘤：肾癌、肾盂癌等。

泌尿结石：肾、输尿管、膀胱结石可引起机械性损伤造成血尿，但往往伴有相应部位的钝痛和放射性疼痛。

各种原因造成的泌尿系损伤、梗阻，或其他原因如膀胱异物、物理或化学物品、药品造成的损害、剧烈运动均可引起血尿。

其他感染性疾病：钩端螺旋体病、丝虫病等。

（2）心血管疾病：心功能衰竭等。

（3）尿路邻近器官疾病：盆腔炎、输卵管炎，直肠、结肠癌，宫颈及卵巢恶性肿瘤。使肾脏、膀胱、输尿管等组织损伤，引起出血，致尿中混有血液。

2. 处理

家庭养犬中多见肾及膀胱损伤出血引起的血尿，有损伤史，犬主人不难判断引起血尿的病因。某些药物如痢特灵、维生素 B_{12} 等，可致尿液颜色呈棕红或黄红，似血尿，应注意区别。

机体损伤后出现肉眼可见的血尿时，往往伴有全身性症状，如精神不振，食欲欠佳，可视黏膜苍白等，重者还可能出现大汗，尿中混有血块（多为膀胱及尿道损伤）。

（1）应用如安络血、止血敏、维生素 K 等止血药物，还可合用维生素 C。

（2）血尿是由泌尿系感染引起，以抗感染和止血为其主要治疗原则，可口服、注射抗生素类药物和尿路清洁剂，如氟哌酸、呋喃嘧啶、氨苄青霉素、青霉素、灭滴灵等药，对泌尿系感染及其引起的血尿都有较好的治疗作用。如能配合止血药如止血敏、安络血、维生素 K_3 及肾上腺素等，则效果更佳。

（3）如果是泌尿系统结石，则常有剧烈腹痛，可口服颠茄片、阿托品以解痉止痛，同时服用排石冲剂排石，1 日 2 次，每次半包。

（4）病情严重的病犬应立即送医院进行全身治疗，并加强护理。常规方法是采用1%氯化钠、5%～10%葡萄糖液或糖盐水输液，以补充损失的体液，起到清利作用。尿中有血时，可在导尿时用温生理盐水冲洗膀胱和尿道。在护理上补充一些矿物质饲料或饮水中加入几滴碘酊等。

（十）便血

粪便中混有血液即为便血。新鲜血液呈红色或暗红色，陈旧血液变得暗红、棕色或黑色。有时粪便中含有肉眼看不到的血液，称为潜血。便血是兽医临床上的一类症状，常常是犬消化系统严重疾病的表现，应引起高度重视。

1. 病因

（1）胃肠损伤：如胃肠道异物损伤，胃肠黏膜、黏膜下层破裂出血，产生血便。

（2）胃肠道炎症：见于病原微生物或寄生虫性疾病，由于病原体及毒素作用于胃肠壁导致发炎或溃疡，引起毛细血管损伤出血，出现便血。

（3）肠道血液循环障碍：如有肠套叠、肠梗阻等病时，因肠道梗阻及肠系膜动脉栓塞，常常在短时间内发生肠道血液循环障碍，造成组织缺血、坏死，甚至出血。

（4）毛细血管通透性增加：某些中毒性疾病引起毛细血管的通透性改变，发生胃肠道出血。

2. 血便类型

根据便血的颜色可将血便分为鲜红色血便、暗红色血便和柏油样血便。

（1）鲜红色血便及暗红色血便：一般是下消化道（小肠、结肠、直肠、肛门）出血，大便常呈鲜红色或暗红色，有时混有黏液和脓血。常见于肛裂、直肠癌。痢疾便血呈脓血便，便次频繁，并伴有左下腹痛等症状。

（2）柏油样便：一般是上消化道（食道、胃、十二指肠）出血，或小肠出血，而血液在肠内停留时间较长，红细胞破坏后，血红蛋白在肠道内与硫化物结合形成硫化亚铁，使粪便呈黑色，并由于附黏液而发亮，类似柏油，故称为柏油便。出现柏油样便，表明出血量比较大，已达到60毫升以上。

（3）潜血便：凡少量消化道出血（每日5ml以下）不引起大便颜色改变，仅在化验时大便潜血试验阳性者，称为潜血便。需用隐血试验的方法才能确定。所有引起消化道出血的疾病都可以发生潜血便，常见胃溃疡、胃癌。持续阳性常提示为消化道肿瘤，间歇阳性常提示为消化性溃疡。

3. 处理

（1）轻症患犬不需急症处理，应积极找出病原，按病因治疗。

（2）便血严重有休克的，马上送医院急救处理。

（3）有外科情况如肠套叠等，应考虑手术。

（4）确定了原发病的，应在止血的同时，积极治疗原发病。

传染病引起的便血：针对不同的病原体进行特异性治疗，同时采取对症治疗，止血、补液、强心，调整体内体液电解质平衡，控制继发感染。

寄生虫引起的便血：根据寄生虫不同的种类，采取相应敏感的驱虫药进行驱虫，对症治疗止血，同时加强饲养管理，做好环境卫生，可以进行预防性定期驱虫。

胃肠功能障碍性便血：根据不同的病因，采取相应的治疗措施，同时对症治疗，做好止血、补液、灌肠，及时调整体内体液电解质的平衡对疾病的康复非常重要。

异物损伤性便血：去除异物，修复损伤，防止继发感染。

（5）对于未能及时确定病因的，可用下列方剂治疗：

黄连8克，白头翁20克，大黄6克，三七（另包）3克，乌梅15克，党参15克，木香6克（研末，另包）。除三七和木香外，其余各药物混合煎熬，滤后冲服三七粉和木香粉。同时还要根据具体情况配合输液、强心等。

（十一）趾炎

犬趾炎是犬趾部组织的急性或慢性炎症，一般多为慢性。

1. 病因

趾部组织外伤，细菌、真菌或螨虫感染等。

2. 症状

趾部肿胀，压迫疼痛，严重者跛行。趾间皮肤紫红色，病程长时趾部皮肤破溃，流出淡红色液体或脓液。（图7-2）

3. 处理

3%双氧水清创消毒后，0.1%高锰酸钾溶液浸泡10分钟。全身用药可选用林可霉素、克林霉素、氨苄青霉素、头孢拉定、磺胺类药物。螨虫感染应注射和患部外用杀螨药物。真菌感染患部外用特比萘芬。口服复合维生素B有利于康复，同时注意保持犬舍干燥通风，加强环境消毒等。

图7-2 趾间炎，趾间皮肤溃烂，流脓性分泌物

（十二）骨折

1. 原因

车祸、突然的剧烈运动，容易发生骨折。骨骼尚未发育完全的幼犬和老龄犬骨折的发病率较高。

2. 症状

（1）疼痛：患犬不安，哀叫，触摸局部敏感或者躲避。

（2）角度改变：由于骨折断端移位，使骨折部位形态改变。不完全骨折时患部出现肿胀。

（3）异常活动：不该活动的部位出现异常活动。

（4）局部肿胀：骨折发生数小时后局部出现肿胀。

（5）功能障碍：患犬活动能力部分或全部丧失。

（6）骨摩擦音：移动骨折两断端可发出碰击音，但不完全骨折则没有。

（7）内脏损伤及内出血：骨折时还伴有内脏损伤及内出血，出现失血性休克等。

3. 处理

骨折的紧急救治最好在事发当地进行，救护措施包括止血和临时包扎固定，然后迅速送往医院。

（1）止血：如有出血，应在伤口上方用绷带、清洁布或绳子等结扎止血或直接压迫股动脉、臂动脉止血，然后用止血带结扎。一般止血带结扎时间每次不超过 1 小时，每隔半小时可放松止血带 1~2 分钟，以看到鲜血流出为止，可防止因结扎时间过长而引起肢体缺血坏死。

（2）临时包扎：伤口表面有明显异物可以取掉，然后用清洁的布覆盖包扎伤口。对外露的骨折端，不要还纳，以免将污染物带入深层，但要进行保护性包扎。

（3）临时固定：根据事发现场实际情况，就地取材，选取长木板、树枝、纸板等材料作夹板临时固定骨折部。如上肢骨折应用木板将折肢固定，木板长度应超过骨折部位的上、下两个关节面。下肢骨折可用长木板将伤肢缚扎在一起，木板长度上至腋下，下应超过脚爪，或可将患肢与另一健肢缚扎在一起固定。脊柱骨折应由双人平行搬至木板上缚扎固定，颈椎骨折应将头部两侧用沙袋垫好，限制头部活动，然后才能送医院。（图 7-3）

4. 预防

（1）带犬适当增加户外活动时间，多呼吸新鲜空气，促进全身血液循环和新陈代谢。如带犬散步、慢跑等。多活动能使血液中的钙质更多地在骨骼内存留，因而提高骨的硬度，能有效地减少骨折的发生。

（2）带犬多晒太阳：阳光可以促进维生素 D 的合成，而钙的代谢依赖维生素 D 的作用；阳光中的紫外线能促进体内钙的形成和吸收，维持正常的钙磷代谢，使骨骼中钙质增加而提高骨的硬度。

（3）饮食调节：多吃蔬菜、蛋白质和富有维生素的饮食，可防止骨质疏松的发生和发展。

图7-3　前肢骨折石膏绷带外固定

（4）对老年犬来说，注意锻炼方法，平时带犬时，须缓步慢行，掌握好运动量和运动要领。

（十三）眼球脱出

1. 病因

眼球脱出是由于外力作用造成眼球突出眶窝及眼组织的损伤，常继发严重的角膜炎、结膜炎及全眼球炎。

2. 症状

患犬多数一侧眼球突出眶窝，左右侧眼球明显不对称，少数病例两侧眼球均突出眶窝。突出的眼球表现不同程度的结膜、角膜出血，上下眼睑和周围组织炎性反应。严重病例由于角膜破损造成房液外流，眼球塌陷。陈旧性病例，突出的眼球呈现角膜翳、角膜增生突出、结膜充血、眼球及周围组织炎性肿胀。更严重者可出现全眼球炎及眼组织坏死，并发全身症状。（图7-4、图7-5）

3. 处理

应尽快施行手术复位。据资料显示，眼球突出后 3 小时内整复，视力很可能恢复至正常水平；若超过 3 小时则视力恢复至正常的可能性大幅下降；

若眼球脱出则预后不良。

图7-4　2月龄幼犬咬架，眼球脱出　　　　图7-5　眼球脱出后复位

对轻症可清洗突出的眼球，在全麻状态下牵开上下眼睑，压迫眼球复位。对重症病例可施行外科手术复位。术后全身治疗应用抗生素，局部滴阿托品、皮质类固醇和抗生素眼药膏或药水。术后10～15天拆线。术后常伴发斜视。对脱出时间长、眼球坏死或不能复位的，可采用双眼球摘除术。

（十四）难产

怀孕母犬在分娩过程中，超过正常的分娩时间而不能将胎儿娩出，称为难产。初产犬比经产犬更易发生难产。家庭养犬由于运动不足容易发生难产。

1. 病因

（1）产力性难产：因母犬体弱、阵缩及努责微弱，阵缩及破水过早，子宫自身疾病造成。

（2）产道性难产：子宫捻转、子宫颈狭窄、子宫颈畸形、阴道及阴门狭窄、产道肿瘤、骨盆狭窄变形造成。

（3）胎儿性难产：胎儿过大、过多，胎儿畸形，胎位不正、胎儿姿势不正及胎儿方向不正等因素造成。

2. 症状

难产症状显而易见，下列任何一种情况都应怀疑难产：

（1）有难产或生殖道阻塞的既往病史。

（2）直肠降温（降至37℃）持续24小时未生产。

（3）腹壁强力收缩持续30～60分钟，新生胎儿未产出。

（4）主动分娩1～2小时无幼仔排出。

（5）主动分娩时，其休息期超过4～6小时。

（6）动物疼痛明显（呻吟，舔啃阴门）。

（7）阴道有暗黑、脓样或血样分泌物排出。

（8）有全身疾病症状，妊娠期延长（超过70天）。

3. 处理

由于在犬的子宫内矫正胎位困难，所以在明确病因后应迅速实施助产措施。对于产力性难产的犬，可用药物催产结合产钳牵引助产。对于其他因素引起的难产，应立即施行剖腹产手术治疗。

（1）产力性难产。在检查软产道情况无异常时（子宫颈口开张充分），可肌肉注射缩宫素1个单位/千克体重，每间隔20分钟注射一次，一般注射2～3次。为了提高子宫的收缩力，可静脉滴注10%葡萄糖酸钙10～30毫升。

（2）对产道及胎儿异常引起的难产，应及时送医院施行剖腹产手术。（图7-6）

（3）对于难产的预防可采取以下措施：

①母犬孕期给予合理营养。营养太好，可使胎儿过大而发生难产。对于食欲旺盛的犬可相对控制食量，特别是在怀孕45日龄以后，要注意调整母犬的营养。

图7-6 难产病犬，施剖腹产手术后，产7头仔犬

②怀孕母犬要有适当的运动量，仅可以增强母犬体质，增加母犬产犬时的产力。

③减少母犬产犬时的恐惧心理。母犬在产前要提前进入产房，让其熟悉生产环境，保证产区安静。

（4）难产犬助产后应充分休息，但体力恢复后可适当活动，以促进子宫收缩，恶露排出。产后犬应重视营养摄入，除为补充及修复分娩的消耗及创伤外，还需为哺乳提供必需的营养来源，保证乳汁分泌与健康。食物应营养丰富，有足够热量、水分，应多进蛋白质和多汤汁食物，并适当补充维生素和铁剂。

（十五）绦虫病

绦虫是犬肠道中最长的一种寄生虫，对犬的健康危害很大，可造成犬营养不良、消瘦、贫血、胃肠道症状及神经症状，重者可导致全身衰弱进而死亡。本病人犬共患，尤其是幼虫可移行到心、肾、肝、肺、脑等重要组织器官，可引起严重的甚至是致命的损伤。

1. 病原

犬体内寄生的绦虫，种类很多，如细粒棘球绦虫、犬腹孔绦虫、豆状带绦虫、裂头绦虫、泡状带绦虫、多头带绦虫等。（图7－7、图7－8）

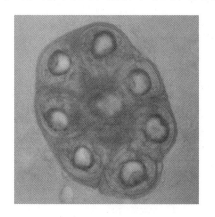 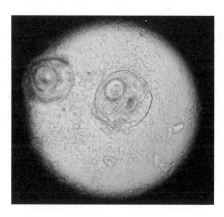

图7－7　绦虫卵囊　　　　　　图7－8　粪便中的复孔绦虫卵

2. 症状

发病症状与绦虫感染强度、年龄、营养状况和饲养条件有关。绦虫轻度感染时很少出现临床症状。严重感染时表现为身体虚弱、精神沉郁、易怒、食欲反复无常、被毛粗糙、消化不良、呕吐、有时胃内容物中可见到虫体、腹泻、有时便秘与腹泻交替、异嗜继而消瘦、贫血、营养不良、生长发育迟缓等。虫体数量很多时，可出现肠梗阻或肠套叠，有的出现剧烈兴奋痉挛或四肢麻痹等神经症状。有的犬常常腹部疼痛，其表现是腹部擦地或频顾腹部。当绦虫节片向肛门爬行时，肛门发痒，以致会阴部常常擦地。粪便经常附有白色米粒状或竹节状会蠕动的孕卵节片。

3. 诊断

根据临床症状以及在肛门周围或粪便中发现节片或虫卵即可确诊。

4. 处置方法

可选用一种药物驱虫（具体见表7－1）。

5. 预防

预防措施包括避免犬吃入未熟的食物，尤其是动物的内脏组织；对犬定期驱虫；消灭跳蚤和虱；患犬的粪便应集中无害化处理等。

表 7 - 1　　　　　　　　　驱绦虫药物名称及用法用量

药物名称	剂量	用法	备注
氢溴酸槟榔碱	2mg/kg 体重	胶囊剂型口服	
氯硝柳胺	100～160mg/kg 体重		用药前禁食
脲硫磷酰胺	50mg/kg 体重		
双氯酚	0.3g/kg 体重		
灭绦灵	100mg/kg 体重	1 次口服	
甲苯咪唑	20mg/kg 体重	1 次口服	
硫苯咪唑	50mg/kg 体重	每天 1 次，连用 3 天	
吡喹酮	2.5mg/kg 体重	一次口服	4 周龄以下的犬忌用。

（十六）蛔虫病

犬蛔虫病是狮弓首蛔虫和犬弓首蛔虫寄生于犬的胃和小肠而引起的一种寄生虫病，对幼犬的危害巨大，可引起幼犬生长迟缓、发育不良，严重则导致死亡。如果怀孕母犬感染此病，还可经胎盘直接传给胎儿。

1. 病原

主要有两种：一是狮弓首蛔虫，常发生于成年犬。但成年犬两种蛔虫均为终末宿主。二是犬弓首蛔虫，该蛔虫是幼犬寄生的主要蛔虫；偶见有猫弓首蛔虫感染。（图 7 - 9 ～图 7 - 11）

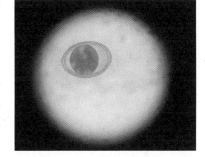

图 7 - 9　蛔虫卵

图 7 - 10　蛔虫体

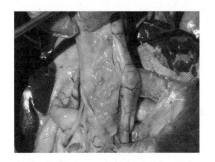

图 7 - 11　肠道蛔虫

犬弓首蛔虫：头端向腹面弯曲，雄虫长 5~11 厘米，雌虫长 9~18 厘米。

狮弓首蛔虫：雄虫长 3.5~7 厘米，雌虫长 3~10 厘米。

2. 症状

虫体在小肠内寄生时从犬体掠夺了大量的营养，可导致犬食欲不振、机体消瘦、被毛粗乱无光，进而出现异嗜、营养不良、贫血等症状。

蛔虫在小肠中可对肠道产生刺激，引起肠黏膜损伤、出血。特别是在饥饿、发热、饲喂食物改变及环境因素改变的情况下，虫体活动更为频繁，可窜入胃中、胆管或胰管内，引起呕吐、腹痛、黄疸等症状。如果虫体过多或结成团可造成肠管阻塞，易引起肠套叠，患犬出现全身症状、不排便。

3. 诊断

通过病原体检查便可确诊，从犬的粪便中（直接涂片或浮集法）可以找到蛔虫卵。

4. 处置方法

定期检查驱虫，发现病犬可用左旋咪唑驱虫，用药 10 毫克/千克体重，每天 2 次，连服 2 天；丙硫苯咪唑，20 毫克/千克体重，口服，每天 1 次，连服 3 天；肠虫清，每次 2 片，幼犬一次 1 片；驱虫丹，用法同左旋咪唑；敌百虫，2%~3% 水溶液灌服；伊维菌素注射液，0.5 毫升/10 千克体重皮下注射。

5. 预防

预防措施包括搞好环境卫生，食具食物要清洁，及时清除粪便；幼犬 20 天左右驱虫，每月一次，至 6 个月；成年犬每年驱虫 2 次或每季 1 次；母犬配种前进行驱虫。

（十七）钩虫病

1. 病原

由犬钩虫和狭头钩虫寄生于犬的小肠中引起。钩虫呈淡黄色，头端向背侧弯曲，口囊发达，形似头部弯曲的大头针。成虫寄生于小肠（特别是十二指肠）中产卵，虫卵随粪便排出体外，在适宜的条件下经 12~30 小时孵化成幼虫，再经 1 周发育为感染性幼虫。感染性幼虫可经口、皮肤和胎盘感染宿主，经过血液循环系统和呼吸系统的移行，最后抵达小肠发育为成虫。在肠道以其强大的口囊吸血。（图 7-12、图 7-13）

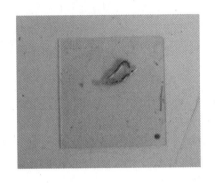

图 7-12　钩虫

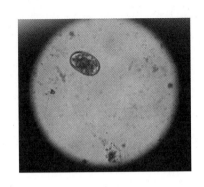

图 7-13 钩虫卵

2. 临床症状

幼犬感染犬钩虫之后，出现正常细胞性、正常色素性贫血至低色素，小红细胞性贫血以及离子缺乏性贫血等特征性症状，并常常导致死亡。营养不良的犬则会出现虚弱和慢性贫血等症状。营养较好的成年犬，当感染量少时不会出现任何临床症状。由于它是幼犬的直接或间接感染源，应引起特别重视。严重感染时，幼犬腹泻，粪便呈黑色，如焦油状。慢性感染动物则出现血液稀薄、瘦弱、营养不良等症状。

3. 病理变化

由于犬钩虫直接吸血，以及虫体离开后血液仍从溃疡处流出，动物出现贫血。在肝脏和其他组织可能会出现局部缺血以及肝脂肪浸润。在急性死亡病例中，常常可以看到出血性肠炎，在肠黏膜上可以看到红色咬痕、小的溃疡以及吸附的虫体等。

4. 诊断

检查新鲜粪便中有特征性虫卵即可确诊。虫卵呈钝椭圆形，浅褐色，刚排出时内含 8 个卵细胞。

5. 处置方法

预防措施是对所有犬定期进行驱虫。治疗措施是选用下列药物驱虫：

（1）二碘硝基酚：剂量为 0.22 毫升/千克体重，皮下注射。给药前要准确计算剂量，不能肌肉注射，用药后 14 天内切忌重复用药。

（2）碘化噻唑青胺：22 毫克/千克体重，喂服 7 天。

（3）苯乙烯吡啶-海群生合剂：剂量为 5.5 毫克/千克体重，此药可用于控制蛔虫和钩虫感染以及预防心丝虫病。

（4）伊维菌素：0.05毫克/千克体重，皮下注射或口服。

也可选用硫苯咪唑、甲苯咪唑、丙硫苯咪唑等药物。

（十八）螨虫感染

螨病又称癞皮病，是由蠕形螨、疥螨和痒螨寄生在皮肤而引起的以剧痒、脱毛和湿疹性皮炎为特征的寄生虫病。本病多发生于冬季、秋末和初春。

1. 病因

主要是病犬与健犬直接接触或通过间接接触而感染。在犬舍潮湿、犬体卫生条件不良、皮肤表面湿度较高的条件下，可促使本病的发生。螨虫发育的四个阶段：卵、幼虫、若虫、成虫（都在犬身上度过）。

2. 症状

病变常开始于鼻梁、颊部、耳根及腋间等处。初起皮肤出现红色小结节，以后变成水疱，疱破后流出黄色黏水，继而干燥形成鳞状痂皮。患部剧痒，病犬时常以爪抓挠、擦墙、擦树桩等，患部脱毛或见擦伤，烦躁不安，影响采食和休息，日渐消瘦，迅速衰竭。耳痒螨寄生在犬的外耳部，局部皮肤发炎，有大量浆液渗出，发出臭味，往往继发化脓；患犬不停地摇头搔耳，甚至引起外耳道出血，有时

图7-14 眼周感染螨虫，脱毛，并导致眼结膜炎、流泪

向病变较重的一侧做旋转运动，后期病变可能蔓延到额部及耳壳背面。（图7-14~图7-16）

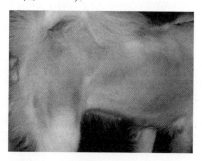

图7-15 皮肤感染螨虫，脱毛，皮肤红肿

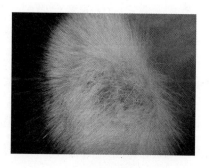

图7-16 皮肤感染螨虫，脱毛，皮肤红肿

3. 诊断

在病变与健康皮肤交界处刮取病料置于载玻片上，加 1 滴 10% ~ 20% 氢氧化钾溶液镜检，找到疥螨虫即可确诊。蠕形螨的检查是在病变部刮取深层屑，将脓疮内容物压在载玻片上，盖上盖玻片，镜检可见虫体。犬耳痒螨病可根据病史、体表检查、耳内有螨存在等确诊。

4. 处置方法

方一，雄黄、硫磺各 10 克，豆油 100 毫升，将豆油烧开，放入研细的药粉，搅匀候温，用以局部涂擦。

方二，硫磺粉 500 克，用棉油熬成软膏涂擦患部。

方三，伊维菌素（或阿维菌素），0.03 毫升/千克体重，皮下注射，连续注射 2 日，隔 7 ~ 10 日，再注射 1 ~ 2 日。

（十九）湿疹

1. 病因

湿疹是由过敏物质引起表皮细胞的一种炎性反应，多因皮肤不洁、犬舍潮湿、昆虫叮咬等因素引起。

2. 症状

犬的湿疹有急性和慢性之分。急性湿疹多在颈、背、腹部、尾根部、阴囊周围及趾间等部位出现斑点状、多形性、界限不清的皮疹，伴有瘙痒和溃烂。病初在患部可见米粒大至粟粒大的小丘疹，丘疹的数目不定，丘疹的炎性渗出物增多，形成水泡，水泡被细菌感染化脓，形成脓疱，脓疱破溃后，脓汁流出，露出鲜红的糜烂面，表面湿润，渗出液逐渐干固，形成痂皮，痂皮脱落，病变部皮肤覆以白色糠麸样皮屑。慢性湿疹多由急性湿疹演变、重复刺激和反复发作所致，也有的湿疹一开始就表现为慢性症状，其主要特征是瘙痒症状加重，皮肤增厚形成明显的皱襞，苔藓样病变，患部界限明显和被毛粗糙。（图 7 – 17）

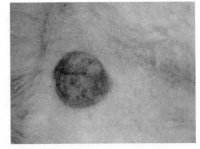

图 7 – 17　湿疹导致的阴囊炎

3. 诊断

本病病变部位具有对称性，再加上病变
部位瘙痒及湿疹的皮肤病变表现，可以据此做出诊断，但查明确切病因则很
困难。

4. 处置方法

采取全身治疗及局部综合疗法。在红斑丘疹期，可采用麻油和石灰水等
量混合后涂于患部；在水疱、脓疱、糜烂时，可用1%～2%鞣酸或3%硼酸
洗局部后涂3%～5%龙胆紫或2%硝酸银，随着渗出物减少，可涂氧化锌软
膏等；慢性湿疹涂可的松软膏。减少损伤，解除瘙痒。给予镇静剂，用盐酸
异丙嗪1毫升/千克，口服或肌注；苯海拉明2.5～5毫克/千克，口服或
肌注。

（二十）过敏性皮炎

过敏性皮炎是一种顽固性皮肤病，临床
上以瘙痒和季节性反复发作为特征。(图7-
18)

1. 原因

机体过敏可能与环境因素有关，如吸入
花粉、尘埃、羊毛，食入某种食品。此外注
射药物、蚊虫叮咬等因素也可能与本病
有关。

图7-18　过敏性皮炎的患犬，
皮肤红肿，瘙痒

2. 症状

(1) 剧烈瘙痒，频繁搔挠，偶见啃咬患部。

(2) 反复搔挠的部位脱毛，皮肤有抓伤，或者皮肤发黑、增厚。

(3) 病犬不断舔毛，致使毛变色。过敏性皮炎常转化为慢性皮炎。

3. 诊断

根据发病特点和临床表现可作初步诊断，但确定过敏原则非常困难。

4. 处置方法

除去可能的致敏因素，杀灭蚊虫，彻底清扫犬舍，除尘防止异物污染。
局部病灶可用皮质类固醇激素涂搽，或用水杨酸酒精等止痒消炎药涂布，防

止患病犬啃咬。口服苯海拉明 2～4 毫克/千克体重，每天 3 次。

（二十一）糖尿病

糖尿病是由于胰岛素相对或绝对缺乏致使糖代谢发生紊乱的一种内分泌疾病。其特点是高血糖、糖尿。临床上常表现为多食、多饮、多容易并发白内障。

1. 病因

糖尿病一般分为自发性糖尿病和继发性糖尿病。自发性糖尿病的病因通常有：（1）遗传因素。（2）胰腺损伤。胰岛素是由胰岛的 β 细胞产生和分泌的。肿瘤、感染、自身抗体、炎症等引起的胰腺损伤，都可以导致胰岛素分泌不足而引起糖尿病。（3）激素原因。生长激素、甲状腺激素、糖皮质激素等诱发的 β 细胞功能衰竭。（4）环境因素。此外，肥胖、运动不足等因素也是糖尿病的发病原因。继发性糖尿病是指已知原因造成胰岛内分泌功能不足所致的糖尿病。

2. 症状

根据典型的多尿、多饮、多食和体重减少"三多一少"症状，可初步诊断为糖尿病。随着疾病的发展，动物会厌食、精神沉郁、呕吐和腹泻，饮水减少或拒饮，呼出的气体具有烂苹果味（丙酮味），严重病例发生伴有顽固性呕吐的酸中毒，最后陷入糖尿病性昏迷。此外，老龄犬患白内障时也可能潜在发生糖尿病。糖尿病引起的长时间血糖增高，导致机体代谢障碍，经常并发白内障。如果胰腺实质受到损害，还会出现与胰腺炎类似的消化紊乱。此外，糖尿病犬还可能发生干性角膜结膜炎。有的患犬尾尖出现坏死。

3. 处置方法

大多数糖尿病患犬超重，应该饲喂低脂肪、能量适中的食物。糖尿病犬可选择高纤维配方食品、减肥专用食品以及老年犬粮，如果犬并发肾脏疾病或蛋白尿，可以选择限制蛋白含量的食物。如果犬有食物过敏症，可以选用低过敏处方粮、敏感体质犬粮等。对于糖尿病患犬，应该优先满足并发性疾病的营养需求，然后再考虑使用高纤维食物控制糖尿病。当血糖值高时应口服降糖药进行治疗。

4. 护理

对患犬的饮食应多加注意，尽量饲喂耐消化的食物，最好是糖尿病的处方食物。锻炼是糖尿病治疗不可或缺的一部分，能够提高机体对胰岛素的敏感性。每天在固定时间通过牵遛、跑步或玩球等方式增加犬的运动量，从而加速胰岛素代谢过程，起到降低血糖的作用。但是运动不可过量，否则可能导致患犬低血糖。

（二十二）佝偻病

佝偻病主要是维生素 D 缺乏，钙、磷代谢障碍引起骨组织发育不良的一种非炎性疾病，主要表现是消化紊乱、异嗜、跛行及骨骼变形。成年犬的骨骼已形成，但由于某种原因致使体内缺钙而引起骨软化的，叫软骨症。

1. 病因

缺乏维生素 D 是佝偻病发生的主要原因。维生素 D 摄取不足及阳光照射不足，都将造成幼犬缺乏维生素 D，进而影响钙的吸收和骨盐沉积。其次是钙磷比例失调、甲状旁腺功能异常等。其他因素如慢性消化不良及寄生虫感染、食物中蛋白不足及镁过量等，都将引起机体对维生素 D 及矿物质的吸收障碍，而导致本病。

2. 症状

断奶后 2～4 个月多发。吃食减少，消瘦，不愿活动，肋骨及肋软骨处有串珠状肿大，肋弓后下方向外伸展。四肢呈"X"或"O"形，易骨折，走路摇晃，喜食异物。（图 7-19）

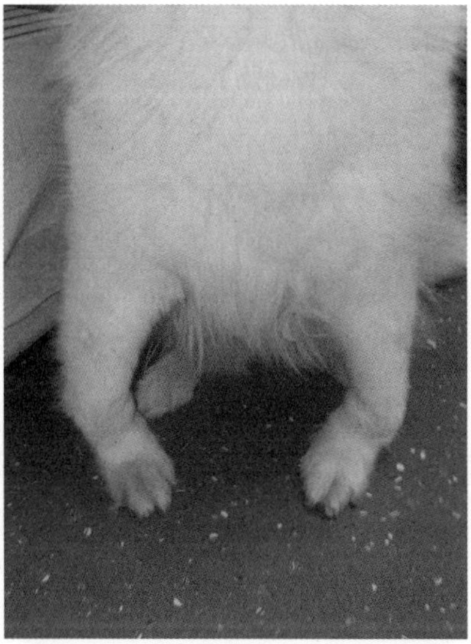

3. 诊断

根据病犬年龄、发病缓慢、骨骼变形、X 线检查骨质密度降低、生长迟缓、异嗜癖、出牙期延长等特征一般不难诊断。

图 7-19　佝偻病，前肢 O 型腿

4. 处置方法

针对维生素 D 缺乏，一方面要给犬日光浴，经常带犬到室外活动，另一方面可静注葡萄糖酸钙，每次 10～40 毫升，隔天 1 次；肌注维丁胶性钙 1～4 毫升或维生素 D_3 10～30 万国际单位；同时饲料中要注意补充钙制剂，每 100 克饲料中加入 0.5～1 克碳酸钙或 5～10 克骨粉或完全改为饲喂商品性全价犬饲料。

（二十三）牙结石

1. 常见原因

齿石是磷酸钙、硫酸钙等钙盐和有机物以及铁、硫、镁等的混合物，这些混合物与黏液、唾液沉积在一起成为硬固的沉积物。在犬的犬齿和上颌白齿外侧多见。

2. 症状

根据犬牙齿上的硬固物可判断为牙齿结石。齿龈潮红，在齿龈缘形成黄白色、黄绿色或灰绿色的沉着物。有时可见舌头和颊黏膜损伤，有时由于齿石的压挤，可见齿龈和齿根部的骨膜萎缩。多变为褐色、暗褐色，并可引起齿龈类和齿槽骨膜炎。检查口腔时，可发现齿龈溃疡、流涎，口腔具有恶臭味，在黏膜损伤处有食物积聚。（图 7 -20）

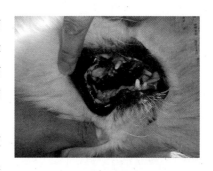

图 7 -20　3 岁的萨摩耶犬，饲喂自制食物后出现大量牙结石

3. 处置方法

（1）犬主人平时可经常用脱脂棉蘸食盐清洗擦拭齿的外侧面，以防止齿石生长沉积。

（2）平时多给予固态食物或骨块等，也可给予橡胶玩具使犬啃咬玩耍，防止齿石生长沉积。

（3）凿除齿石。齿石凿除后，用 0.1% 的高锰酸钾溶液仔细清洗口腔。

（4）黏膜破溃处涂抹碘甘油，必要时给犬内服抗生素。

（二十四）猝死症

犬的猝死症是由魏氏梭菌（又称产气荚膜梭菌）引起犬的急性败血症，以犬的多器官出血、水肿、急性病变和猝死为特征。该病的特点是无季节性、无规律性、无群发性、无任何先兆症状，往往在正常活动过程中突然发病，狂叫几声倒地挣扎死亡，或在犬舍中突然死亡，几乎无抢救的时间与机会。

1. 病原

病原为犬魏氏梭菌。根据魏氏梭菌合成分泌的主要毒素，可以将其分为

A、B、C、D、E型，其中A型能够感染人，形成气肿疽。感染犬的主要为A、C型。该病发病急，病程短，无任何前期症状而突然死亡，而且死亡率极高。

2. 症状

病犬腹部臌胀明显，耳尖可视黏膜发绀，精神沉郁。表现为突然乱冲乱撞、转圈、倒地、全身肌肉颤抖、抽搐、四肢划动、怪叫、呻吟、口流白沫或红色泡沫、呼吸困难。犬体温可能升高，发病后一般在几分钟、几十分钟或几小时内死亡。也有不具任何先兆症状的犬突然死亡。（图7－21）

3. 诊断

根据临床症状、病理剖检、细菌学检查、小动物接种试验，可以确诊本病。

4. 处置方法

（1）对病死犬，挖1.5米以上深坑，撒布生石灰，将病死犬尸体、垃圾、食料

图7－21　感染魏氏梭菌猝死病犬，死前口鼻流血性分泌物

焚烧深埋。用0.2%过氧乙酸溶液浸泡及清洗消毒饲养用具，用0.5%过氧乙酸溶液喷雾消毒圈舍地面、墙壁、天花板及舍外环境。

（2）健康犬口服氟苯尼考，20毫克/千克体重，每天2次，连用3天。其他常用的高度敏感药物通常有：甲硝唑、氯霉素、头孢哌酮；中度敏感药物有红霉素；但氟哌酸、庆大霉素、卡那霉素、复方新诺明、四环素、氨苄青霉素、杆菌肽、痢特灵、丙氟哌酸等属于不敏感药物。

（3）预防：可采用本地分离的菌株培养经甲醛灭活后，加氢氧化铝制成灭活菌。间隔2~4周注射2次，可明显提高保护力。在疫点预防注射后1个月，加强免疫注射，免疫效果更好。

（二十五）犬瘟热

犬瘟热俗称狗瘟，是由犬瘟热病毒引起的一种传染性极强的病毒性传染病。临床上以双相热、消化道和呼吸道卡他性炎症、后期发生非化脓性脑炎、

神经症状为主要特征。

1. 病原

病原为犬瘟热病毒（CDV）。多数消毒药物如季胺盐类和酚类消毒剂均可杀死病毒，这些药物可作为本病的消毒剂。CDV 对紫外线也很敏感。但是，温度较低时犬瘟热病毒存活时间明显延长，如在 2～4℃的条件下，CDV 可存活并保持感染力数周，冷冻干燥可保存数年。这也是犬瘟热在冬春和秋冬寒冷季节多发的主要原因。

2. 症状

（1）双相热：患犬食欲不振或废绝，精神萎靡或沉郁，体温升高到 39.5～41℃，呈双相热型，即一般在 39～41℃左右持续 1～3 天，然后逐渐消退，接近常温，几天后再次发生体温升高。

（2）呼吸系统型（肺炎型）：表现为鼻炎和结膜炎，眼和鼻有浆液性或黏液脓性分泌物。若引发眼神经炎则可导致失明。病毒侵害肺脏引起间质性肺炎，继发细菌感染后可引起支气管肺炎。临床上表现为咳嗽，呼吸困难，听诊有捻发音。（图7-22～图7-24）

图7-22　患犬瘟热病，脓性鼻涕

图7-23　患犬瘟热病，脓性鼻涕

图7-24　犬瘟热患犬，眼部有脓性分泌物

（3）胃肠道型：表现为呕吐和腹泻。病犬出现重度腹泻，偶尔排出血便，表现为里急后重。

（4）神经型：犬瘟热病毒可侵害中枢神经系统的任何部位。临床上神经

症状可能与其他系统症状同时出现，也可随后出现，有的犬就单纯以神经症状为主。灰质部损伤可引起急性脑脊髓炎，主要表现为全身抽搐、咀嚼肌群痉挛、转圈和行为异常等。中脑、小脑和前庭受侵害时，表现为共济失调及姿态异常。脊柱感染表现为姿态异常、脊髓反射异常、瘫痪等。

（5）皮肤型：症状包括脚垫的过度角质化（硬掌垫），下腹部被毛稀少的部位出现皮肤疱疹，鼻镜增厚等。（图7-25）

图7-25 患犬瘟热病，脚垫增厚

3. 诊断

根据临床症状以及与病犬接触的历史可做出初步诊断。确诊应做实验室检查。包括：包涵体检查；病毒分离；血清学诊断，如血清中和试验、荧光抗体（RFA）检查、酶标抗体检查等；易感动物接种。注意与犬传染性肝炎、钩端螺旋体病、狂犬病及副伤寒相区别。

4. 处置方法

（1）增强免疫。早、中期病例及早使用大剂量的犬瘟热单克隆抗体。按每次1~2毫升/千克计，每天1次，连用4~5天。后期病例使用单抗疗效不佳。在采用抗体的同时，配合使用免疫增强剂如转移因子3~6万或胸腺肽10~20毫克，每天1次，连用5~7天。

（2）控制感染：根据不同的临床类型合理选用不同的抗感染药物。

以呼吸道症状为主应选用头孢噻肟、头孢曲松钠，配合双黄连按常规剂量肌注或静注，每天1~2次，连用5~7天。

以消化道症状为主宜选用庆大霉素、丁胺卡那霉素，配合穿心莲进行治疗。

以神经症状为主宜选用磺胺嘧啶、氨苄青霉素，配合清开灵或安宫牛黄丸等治疗。

（3）输液。呼吸型犬瘟热宜采用10%葡萄糖液：生理盐水3:1或4:1按30~40毫升/千克补充。肠炎型犬瘟热腹泻严重时选复方生理盐水:5%葡萄糖液2:1按50~60毫升/千克补液。在补液的同时，适当加入三磷酸腺苷（ATP）、辅酶A（CO-A）、维生素C等，以补充机体能量。凡3天以上绝食的患犬适当加入10%氯化钾0.5毫升/千克，凡有酸中毒症状或连续输液3次以上的适当加入5%碳酸氢钠2~4毫升/千克。身体虚弱的犬补充适量的氨基酸。

（4）对症治疗。抗病毒采用病毒唑或病毒灵按常规剂量肌注或口服。呼吸困难时应用氨茶碱或麻黄碱平喘，咳嗽严重时使用止咳化痰类药物如咳必清、盐酸溴己新等。腹泻严重时可酌情使用止泻灵，粪便带血时考虑使用止血剂。神经型犬瘟热可采用苯巴比妥或苯妥英钠等控制持续的神经症状等。

（二十六）牙釉质脱落

牙釉质是犬牙冠表面的一层白色半透明组织，其主要成分是磷酸钙和碳酸钙，是犬体内最坚硬的物质，对釉质下面的牙本质和牙髓等组织起到良好的保护作用。牙釉质脱落则是牙釉质在受到物理、化学等因素的作用下，从牙本质上脱落的一种临床症状。

1. 病因

引起犬牙釉质脱落主要是在幼犬牙齿的发育阶段，如果幼犬患严重全身性疾病，维生素 A、B 和钙磷等矿物质缺乏，饮用氟化物高的水质，服用四环素类药物等，都可影响牙釉质的发育，造成牙釉质发育不良，坚硬度下降，容易脱落。长期食用酸性高的食物、食物残渣形成的酸性环境，可导致牙釉质脱钙，坚固度下降。长期啃咬坚硬物体可造成牙釉质的磨损而渐渐脱落。

2. 症状

牙釉质脱落主要表现为犬的牙齿由白色变为棕黄色，牙面形成实质性缺损，在齿冠上形成棕黄色带状或窝状凹陷。如果牙釉质发育异常反复发生，则会在牙齿表面形成多条棕黄色的带状或蜂窝状凹陷。发育不良和长期受酸侵蚀的牙釉质坚固度下降，脱落后牙齿磨损严重，并容易形成龋齿。 （图7 – 26）

图7 – 26　萨摩耶犬牙釉质脱落

3. 防治

牙釉质的发育是牙胚在颌骨内进行的。一旦发现牙釉质发育不良，是无法用补充营养进行挽救的。因而要根据病因，早期预防。犬出生后 8 周和 2～7 个月是犬乳牙和恒齿的长出时间，在这期间要保持犬的健康，并给予全面的营养、维生素和矿物质。避免犬饮用高氟地区的水，经常给犬刷牙，保持口腔卫生，制止犬啃咬铁栏杆等坚硬物体的不良习惯。治疗可用光固化材料直接覆盖变色的牙面。

（二十七）仔犬先天发育异常

仔犬先天发育异常，是仔犬在胎儿发育期受到母犬体内外各种不良因素的作用，使仔犬的生长发育受到影响，从而出生后就表现出来的一系列发育异常性疾病的统称。常见的仔犬先天发育异常性疾病主要有唇裂、锁肛、先天性输尿管异位、气管发育异常、先天性心脏病等。

1. 病因

引起仔犬先天发育异常的因素主要有：母犬怀孕阶段受到病毒感染、受到较多的 X 线照射、缺氧等。母犬在怀孕阶段接受了一些抗肿瘤药物、抗惊厥药物的治疗，也可引起胎儿的发育异常。当母犬体内缺乏维生素 A、B_2 及叶酸等营养素时，也可导致胎儿先天发育异常，如唇裂。

2. 症状

唇裂病犬主要在门齿和上颌骨联合处断开，引起仔犬吃乳困难，表现为吃乳时鼻孔反流出乳汁、吃乳时咳嗽、易患喉气管炎和吸入性肺炎等。锁肛仔犬主要是出生后没有肛门，导致大便排不出，腹腔鼓胀而死，母犬可能并发直肠阴道瘘，粪便可从阴道排出而得到缓解。先天性输尿管异位病犬主要表现为滴尿。气管发育异常病犬因为气管狭窄而表现出慢性咳嗽、气管呼吸音嘈杂等。（图 7 -27、图 7 -28）

图 7 -27　仔犬唇裂，不能正常吸乳，先天发育异常

图 7 -28　仔犬先天性唇腭裂

3. 防治

一些仔犬先天发育异常性疾病可以治愈，如唇裂、锁肛等，一些先天发育异常性疾病则很难治愈，如先天性心脏病等。加强孕期母犬的健康保健，预防母犬受到外界病原微生物感染，给母犬全价的营养物质，避免 X 光照射等有害因素，则可以有效预防仔犬先天发育异常性疾病的发生。

（二十八）犬传染性肝炎

犬的传染性肝炎多见于 1 岁以内的幼犬，刚断奶的幼犬最易发病，成年犬感染后很少出现临诊症状。本病的发生没有季节性。

1. 病原

病原为犬传染性肝炎病毒（ICHV）。病犬及带毒犬是主要的传染源。在发病的急性阶段，病毒分布于病犬的全身各组织，并通过分泌物和排泄物排出体外而污染环境，且病愈犬仍带毒，可从尿中排毒 6～9 个月。可通过直接或间接接触，经消化道感染，也可经胎盘感染胎儿。

2. 临床特征

急性症状的病犬初期精神轻度沉郁，有水样鼻液和眼泪等症状，体温升高，呈马鞍形变化。以后渴欲明显增加，呕吐，腹泻，粪便带血，尿深黄。随着疾病的发展可出现呼吸和脉搏增数，呼吸困难，干咳，胸部听诊有摩擦音等症状。在急性症状后期，可见有贫血、黄疸、咽炎、扁桃体炎、淋巴结肿大等症状；特征性症状还表现在眼睛上，角膜混浊，其特点是由中心向四周扩散，常在 1～2 天内为浅蓝色膜所覆盖，轻者 2～3 天后可不治而愈，重者可造成角膜穿孔，即所谓的"肝炎性蓝眼"。（图 7－29）

图 7－29　萨摩耶犬因患有传染性肝炎而出现的肝炎性蓝眼

慢性型病例见于流行的后期，病犬仅见轻度发热，食欲时好时坏，便秘与腹泻交替，此类病犬死亡率较低但生长发育缓慢，且有可能成为长期排毒的传染来源。

3. 诊断

依据临床症状、病理学变化、流行病学资料一般可做出初步诊断。通过实验室检查可确诊本病。诊断时要注意与犬瘟热、犬钩端螺旋体病等疾病进行区别。

4. 治疗

病初大量注射传染性肝炎高免血清，犬按 2~3 毫升/千克体重皮下或肌肉注射，连用 3 天。同时可选用以下药物进行对症治疗：复方生理盐水 200~500 毫升、50% 葡萄糖 40 毫升，三磷酸腺苷 1 支，辅酶 A、维生素 C、维生素 B_6、先锋霉素各 1 支，混合静注，每天 1 次，连用 3~5 天。同时肌注或口服葡醛内酯以保肝利胆；肌注维生素 B_{12} 防止组织渗血和出血。每天 1 次，连用 5 天。出现角膜混浊现象采用氯霉素眼药水和普鲁卡因青霉素少许混合点眼。在预防上应加强饲养管理，保持环境清洁，定期消毒。如需从外地引犬，必须隔离检疫，合格后方可混群饲养，特别注意康复犬仍可向外排毒，不能混群饲养。同时定期六联苗或五联苗进行预防接种。

（二十九）犬转移性性病肿瘤

犬转移性性病肿瘤是指犬自然发生的、通过交配传播的一种侵害外生殖器和其他黏膜的接触传染性肿瘤。

1. 病因

本病是自然发生的同种移植性肿瘤，其形成原因目前尚不清楚。通过性接触，脱落的肿瘤细胞能由带肿瘤动物传至新的宿主。该病在发病年龄上没有一致性，但多数研究者认为犬在 2~5 岁易感染。该病呈世界性分布，犬密集的地区发病率增高。

2. 临床症状

母犬主要发生于阴蒂窝、阴道和外阴表面，公犬主要发生在包皮内侧或阴茎上。母犬主要表现为阴道滴血，往往误以为发情。但由于其长时间持续性滴血和不愿意交配，常常认为是发情不正常。当增生物足够大时，常常表现为堵塞性交配障碍或增生物突出于阴门之外，呈菜花样或结节状，粉红色肉样，质脆，可用手捏掉或用刀背轻轻刮掉。增生物仅限于阴道黏膜表面，无包膜，无明显的根蒂，与健康组织无明显界限，黏膜表面上皮组织因为增生物的浸润而被破坏或消失，呈出血症状。外阴表面的病灶则表现为凹陷性溃疡症状，溃疡面呈红色。公犬可表现为包皮口有淡红色血性分泌物，在其包皮内侧或阴茎上会出现与母犬一样形态的增生物。（图 7 - 30）

图 7 - 30　犬转移性性病肿瘤

3. 诊断

（1）存在典型的分叶、菜花状、出血的肿块。

（2）细胞性吸取物或压片、涂片检查。样品染色后，涂片上分布着大的圆形、卵圆形细胞，细胞大小比较一致。每一个细胞部有大的圆形的核和明显的核仁，细胞的胞浆中等量，含数量和大小不一的空泡。

（3）染色体组型是最准确的诊断试验，因为这种肿瘤细胞的染色体是 59 ±5 个，是很有特征的。

（4）鉴别诊断。在发现肿块以前，浆液出血性排出物可能与发情、尿道炎、膀胱炎、前列腺炎混淆。必须排除生殖道黏膜的其他肿瘤，特别是鳞状细胞癌。

4. 治疗

（1）手术治疗

如果肿瘤的界限比较明显，可以采取手术切除。将犬全麻，保定，对肿瘤实施无菌切除。肿瘤切除后如果黏膜的缺损比较小，可以电烙止血；如果缺损的范围比较大，需要用可吸收缝线进行缝合。然后在手术部位涂抹红霉素软膏。

（2）根据肿块的大小和部位，电外科和冷冻外科可以结合或替代外科手术。

（3）化学疗法治疗。适合于转移性病例。长春新碱，剂量为 0.01 ～ 0.05 毫克/千克体重（最大剂量为 1 毫克），通过生理盐水静脉注射，每 1 ～ 2 周 1 个疗程。一般 2 ～ 3 次即可治愈。在每次治疗之前，对病犬进行血常规检查，确定该犬的身体状况是否可以接受化疗。长春新碱治疗的副作用可能有恶心、呕吐，一时性白细胞减少和可恢复的外周神经病。对于一些比较大的肿瘤（直径大于 3 厘米），不进行手术切除而单纯采用化疗也是可行的。

5. 预防

首先引进犬的检验检疫工作，检验检疫的时间不能少于 1 个月。检疫期过后，通过阴道和全身其他部位检查无肿瘤组织，方可与健康犬一起饲养。其次，把握好发情鉴定是控制该病流行的最后一关。由于转移性性病肿瘤的病犬可表现为阴道滴血，很容易与发情相混淆。如果不进行发情鉴定就盲目地交配，就会导致公犬感染。因此，对于发情的母犬，要认真记录每天的变化和滴血持续的时间，如果遇到"发情"异常，更应该对母犬的阴道进行指检或使用器械、阴道内窥镜进行检查。当发现阴道有增生物后，就坚决不能进行交配。第三，要加强种公犬的定期健康检查。种公犬在该病的传播过程中起着十分重要的作用。公犬一旦发病，就会造成大范围的母犬发病。临床主要是通过有无滴血和检查包皮、阴茎有无增生物确诊。一旦发现病犬，要立即进行隔离治疗，停止一切交配活动。公犬用硫酸长春新碱治疗后两周内，会出现大量的畸形精子，两周后的精子可基本保持正常。所以，用药后的两周内，公犬要停止进行交配。

四、犬的免疫

（一）常用免疫程序

使用疫苗是有效预防犬类传染病最关键、最有效的方法，也是保证主人安全、居家卫生的主要措施，但要遵循一定的免疫程序才能取得良好的效果。犬的几种常见传染病的最佳免疫程序如下（参考）：

1. 犬瘟热

（1）流行时间：本病多发生于寒冷季节（10 月到次年的 2 月），一般 2 ~ 3 年流行 1 次。

（2）易感犬的种类：各个年龄的犬均可感染，其中以母源抗体消失而未进行免疫接种的幼犬（6 ~ 12 周龄）发病率为最高。

（3）疫苗或药物名称：细胞培养减弱活毒疫苗、犬瘟热与犬传染性肝炎联合疫苗、福尔马林灭活疫苗、鸡胚减弱活毒疫苗。用免疫血清配合抗菌药物进行对症治疗，对早期病犬有一定疗效。

（4）接种注射时间：

①对于能够从初乳中获得母源抗体的幼犬（即母犬定期接种疫苗），可在6~8周龄时进行首次免疫，之后隔3~4周免疫一次，直到14~16周龄。

②对于无母源抗体的幼犬，可以在4周龄时进行首次免疫，2~4周后进行第二次免疫。小于3~4周龄的幼犬，不要使用犬瘟热疫苗进行免疫。

③大于16周龄的犬可以间隔2~4周免疫二次。

④每年进行一次加强免疫。

2. 犬细小病毒病

（1）流行时间：常见于冬春季节。

（2）易感犬的种类：各种年龄的犬均可被感染，但大部分病例都集中于断奶后至6月龄之间。这主要是因为成年犬进行过免疫接种，而小于6周龄的幼犬一般具有母源抗体而获得被动保护。

（3）疫苗或药物名称：犬细小病毒灭活疫苗。

（4）接种注射时间：

①幼犬应于6~8周龄开始接种疫苗，然后每隔3~4周免疫一次直到16周龄，最好是18周龄。

②大于16周龄而未接种过疫苗的犬，可以间隔2~4周免疫两次。

③每年进行一次加强免疫。

④母犬在配种前2周免疫一次，可以大大提高幼犬的母源抗体水平。

3. 犬传染性肝炎

（1）流行时间：本病的发生没有季节性。

（2）易感犬的种类：本病多见于1岁以内的幼犬，刚断奶的幼犬最易发病，成年犬感染后很少出现临床症状。

（3）疫苗或药物名称：甲醛灭活苗、犬腺病毒2型弱毒苗。

（4）接种注射时间：

①可用甲醛灭活苗或与灭活的犬瘟热疫苗并用，可保护对抗感染3~6个月。

②使用犬腺病毒2型弱毒疫苗进行免疫，可以在8~10周龄和12~14周龄间隔3~4周接种两次，通常是与其他的疫苗进行联合免疫。

③经过首次免疫后可能产生终生免疫，但一般每年再进行一次加强免疫。

4. 犬轮状病毒感染

（1）流行时间：本病多发生于寒冷季节。

（2）易感犬的种类：主要发生于新生儿犬、幼龄犬。成年犬一般为隐性感染，缺乏明显的症状。

（3）疫苗或药物名称：目前还没有犬轮状病毒疫苗。对于受轮状病毒感染威胁的幼犬，最好的保护措施是在出生后的头几个小时内饲喂初乳抗体。

5. 犬冠状病毒感染

（1）流行时间：一年四季都可发生，但以冬季最常见。

（2）易感犬的种类：新生儿犬、幼龄犬多发。

（3）疫苗或药物名称：现无单苗可用。另外，疫苗的免疫效果不佳，所以只能采取常规措施预防本病。

6. 犬传染性气管支气管炎（犬窝咳）

（1）流行时间：常在集中饲养的犬群中传染流行。

（2）易感犬的种类：各种年龄的犬均可受到传染。

（3）疫苗或药物名称：犬窝咳弱毒活疫苗。

（4）接种注射时间：犬窝咳弱毒活疫苗接种，剂量为 0.4 毫升，一侧鼻孔接种，接种后 72 小时产生免疫力，可安全用于 2 周龄幼犬和怀孕母犬。

7. 犬疱疹病毒感染

（1）易感犬的种类：主要发于 3~4 周龄的幼犬，1 月龄以上的犬患病后的临床症状不明显。

（2）疫苗或药物名称：可用康复的母犬或仔犬自制血清进行注射。

8. 伪狂犬病

（1）易感犬的种类：3~4 周龄的幼犬多发，大于 1 月龄的犬患病后的临床症状不明显。

（2）疫苗或药物名称：伪狂犬病弱毒疫苗。

（3）接种注射时间：对 4 月龄以上的犬肌注 0.2 毫升，大于 1 岁的注射 0.5 毫升。3 周后再注一次，剂量为 1 毫升。

（二）免疫注意事项

（1）犬在非健康状态下（如精神不佳、感冒、发烧或患有其他疾病），此时不宜接种疫苗，若接种疫苗可能会引发疾病。

（2）刚买来的幼犬，应先带到动物医院注射犬五联血清、犬二联血清

（犬瘟热和犬细小病毒）或犬瘟热血清、犬细小病毒单克隆抗体以增强抵抗力。但要注意注射血清后 3 周才能接种犬疫苗。否则由于间隔时间短，会引起抗原抗体反应，使疫苗失去作用。

（3）绝对禁止给怀孕母犬注射疫苗，否则可能造成母犬流产。动物在怀孕时，体内的抗体很高，一般不会患传染病，不需要注射疫苗。

（4）在接种疫苗前 10 天应驱除动物体内的寄生虫。

（5）在接种疫苗后到疫苗发挥作用之前的十几天里，犬处于无抵抗力状态。因此要做好接种后的护理工作：一是不要给犬洗澡，以防机体抵抗力降低而不利于抗体的产生，甚至会诱发疾病。二是不要让犬出门，避免犬和主人与其他病犬的接触，防止发生疾病，造成免疫失败。

（6）注射疫苗的犬可能会出现一些全身反应，如发烧、精神稍差、哆嗦等症状，多数在 12 小时以内自行消失，个别体质的犬对疫苗（尤其是狂犬疫苗）产生局部反应，如局部肿起，发现后用毛巾及时热敷。

（7）每次给犬免疫注射后，应做好免疫记录，犬主人应按照记录的免疫时间按时给犬做好免疫。

五、人怎样避免患上人犬共患病

人的健康是第一位的，在养犬过程中，犬主人要懂得饲养管理知识，要有防护意识，这是保持犬主人自身健康的关键。人怎样预防患上人犬共患病？怎样保障犬主人和家人的健康？应注意以下几个方面：

（一）个人卫生防护

贯彻预防为主的方针，养成良好的个人卫生习惯。要防止通过患犬感染上病毒或病菌。与患犬接触频繁的人，当皮肤有破损时，更要注意个人卫生与安全，养成良好的卫生习惯。接触犬后，做到勤洗手，勤消毒。不要让犬舔你的伤口。主人及其家人作为饲养管理人员，要懂得一些有关动物养护和人犬共患疾病的基本知识。

（二）与犬保持距离

有些人非常喜欢犬，经常将它们抱在怀中，任意与犬拥抱、亲吻、食同桌、寝同床，这些过分亲热的行为都是不卫生和有害的，这就为人犬共患病的滋生和蔓延提供了合适的温床，极大增加了疾病传染的可能性。有些犬，从表面上看一切正常，实际上属于健康带菌动物。所以建议尽量不要与犬进行同床、贴脸等"亲密接触"，要与它们保持恰当的距离，同时要改变家庭对动物的不卫生习惯，减少人犬共患病的传播。

（三）注意环境卫生

严格做好伴侣犬的粪尿、分泌物的无害化处理。禁止伴侣犬乱排泄，及时处理犬的排泄物。尤其要注意防止犬的分泌物、排泄物对公共场所的污染。广泛开展灭鼠、杀虫、灭蚊，杀灭苍蝇、跳蚤、蟑螂、蜱、螨等，消灭传播媒介，切断流行环节，防止某些共患病的传播。因病死亡的犬要经过处理，不得随便抛弃。同时要创造一定的饲养条件，改善人和犬及居住场所的卫生环境。

（四）保持犬体清洁

定期为犬做检查。给犬吃的食品应干净，保持用具的洁净，带动物出去玩时不要让它乱跑和乱吃食物。发现疾病及时治疗，杜绝传染源。定期给犬接种疫苗，定期用药驱除犬体表和体内的寄生虫，定期对犬笼、犬舍、犬箱、犬床进行消毒。

（五）经常锻炼身体

犬主人也要经常锻炼身体，增强体质，生活要有规律，养成良好的生活习惯，才能提高对疾病的抵抗力。

（六）定期身体检查

定期体检是保健良方。有时单纯靠人的主观感觉并不可靠，许多疾病在初期乃至中期，可能没有任何异常表现。正因如此，不要过于相信自己的主观感觉，应通过体检及早发现疾病。这可以及时帮助饲养者发现小毛病背后的大隐患，使产生疾病的危险因素被及时排除。

第八章　如何参加展示和比赛

一、犬展与犬赛

犬展是对一个犬种（单犬种展评）或多个犬种（全犬种展评）进行展评的一种活动，要求展示出犬最美的外观、运动姿态和服从性。展评顺序一般为：品种内展评，组别内展评（不同品种之间的展评）、全场展评。当参展犬种超过一定数量时，主办方可在品种内设立性别组、年龄组，甚至单犬种等。

举办犬展的主要目的，一是当地犬业组织对犬主（或会员）工作的认可，二是在养犬爱好者所养犬中推出优秀的种犬以带动本地或本国犬业发展方向，三是为政府用犬部门与养犬者之间、养犬者与养犬者之间、本国养犬业与其他国家之间的交流或交易提供平台。因此，每次犬展中犬的成绩以及犬主的相关信息都将被记录在案。基于这种目的，国际意义上的犬展都是由代表某个国家或地区的犬业组织主办，并依据该组织的比赛规则进行，商业机构只能作为赞助单位参与，而不能作为主办或承办单位。在我国，举办犬展的组织有代表国家的一级犬业组织中国工作犬管理协会（CWDMA）；其他的二级犬业组织，如中国畜牧兽医学会犬业分会（CNKC）；代表各个省或城市的地方犬业组织，如成都犬业协会、南京犬业协会等；还有各种商业组织。

犬赛多指犬的训练比赛。参赛犬不论品种与性别，必须按照组织方设定的科目、方式、路线、时间等完成，根据完成的时间和质量评分。其目的是利用犬的运动能力、嗅觉能力、扑咬能力等提升犬为人类服务的本领。常见的犬赛类型包括服从赛、敏捷赛、护卫赛、追踪赛、牧羊犬比赛等。

二、参展犬、参展选手及裁判

（一）参展犬

当参展犬（参赛犬）经过严格的检录后，即可进入比赛。这时，最吸引观众的就是参展犬（参赛犬）、参展选手及裁判的表现。作为一头参展犬（参赛犬），应带给观众愉悦的感觉，包括潇洒的外表，友善的性格，良好的服从性以及符合品种标准的体形外貌。对犬体过多的修饰与装扮都将掩盖犬本身的某些特征，因此，在犬展中这类参展犬会受到严格的检查。

（二）参展选手

参展选手（犬主或牵犬师，国外称之为指导手）作为犬在比赛中的灵魂人物，将引导犬在场地上进行站姿或正常步态、慢步、快步的运动，并接受裁判的触摸检查，以及按照裁判的要求进行运动或站立。在参展过程中，参展选手必须注重自己的衣着、动作、言行（赛场礼仪），尤其是要有乐观的心态。特别要提醒的是：赛场观众在你带犬参展的时候会对你的爱犬评头论足，你的情绪千万不要受观众影响，因为真正的裁决者是裁判而不是观众。

在着装上，牵犬师的着装既要能满足运动需要，又要注意包装自己，能体现个性，而且服装颜色还要能衬托犬只的线条，扮演好"绿叶"的角色。更重要的是，参展选手必须注重赛场礼仪，严格执行评审员的指令，不得与评审员进行任何讨论或争辩，尽可能将犬只的最优的姿势呈现给评审员，等候评审员宣布最后的名次。

（三）裁判

裁判（或称为评审员）为决定参展犬能否登上冠军宝座的关键人物。裁判首先要有一颗公平、公正的心，还要有丰富的专业知识，对评审品种犬的特征了如指掌，对整个体形外貌、个体性征、头面部特点、各部位结构、比例、协调性、步态和关键性缺陷等历历在目；对该品种犬的个体性格、行为特征、外貌特征与内部机能或工作性能的关系等一清二楚；对犬体是否进行过整形、美容的判断准确无误。在比赛场地上，裁判将再次确认犬的参赛身份，对犬体进行全面的触摸检查，在静态、动态情况下观察犬的正面、侧面、后面运动姿态和身体发育状态，最后对犬和人犬表演进行综合打分。多数情况下，裁判对一只犬的评判只是比赛当天裁判对犬的印象，不代表犬的过去和未来。同样，裁判也会根据当天参赛犬的整体情况，对每组参赛犬中的每头犬的优点和缺点进行评价，以达到参展选手与裁判之间的互动交流，促进犬展健康发展。

三、比较著名的犬展

（一）英国克鲁夫兹犬展

克鲁夫兹犬展的创始人是查尔斯·克鲁夫兹，因此得名。克鲁夫兹犬展是世界上最大的犬展之一，也是全球首屈一指的犬类技能大赛。这个世界上最负盛名的犬展，吸引了成千上万来自全球各地的驯狗师和狗迷。克鲁夫兹犬展自1891年创立，每年进行一次，一般在每年的3月份进行，犬展场地为位于伯明翰国际机场附近的国家展览中心，为期4天。每年的3月份，一到伯明翰就能感到名犬大赛的热烈气氛。甚至一些饭店专门为来参赛的名犬和主人开设特殊房间。名犬大赛期间到伯明翰就像进入了狗的世界——到处是克鲁夫兹犬展的海报和狗商品的广告，当然还有络绎不绝的爱狗者。

1886年，克鲁夫兹组织了第一届大型小猎犬犬展，在英国维多利亚音乐大厅举办，大多数参展犬都是英国犬舍俱乐部注册者，犬展引起了社会关注。此后，克鲁夫兹犬展不断发展。克鲁夫兹犬展不是一个公开赛。参赛的犬必须在前一年累计赢得多次小型犬展赛才能有资格参加。参赛的犬首先必须是区域比赛的冠军。在克鲁夫兹犬展比赛中，要依照犬的品种和年龄分成各个小组。在几百种犬中，被分成工作犬、放牧犬、梗犬、猎犬、玩赏犬、实用犬和枪猎犬七大类（Group）。先是在各小品种（breed）中进行小组赛。在各小组中，公犬和母犬还要分开比赛，分别产生第一名。然后，第一名再互相竞赛，产生该小品种的最佳犬。下一轮再比赛，产生各大种类最佳犬。最后从七大种类冠军中，选出全场总冠军犬（BIS）。

（二）美国西敏寺犬展

美国西敏寺犬展（Westminster Kennel Club Dog Show）有100多年的历史，最初是由一群热衷于指示猎犬和赛特犬的爱好者们发起的，他们经常在纽约的西敏寺旅馆里聚会，互相交流经验。西敏寺俱乐部的名字就来源于他们经常聚会的旅馆的名字。1877 年 5 月 8 日在纽约市举行了历史上的第一次西敏寺犬展，犬展举行的非常成功，从此犬展的历史翻开了崭新的一页。西敏寺犬展是美国历史上最古老的运动竞赛之一，美国人对于犬展的热爱几乎到狂热的程度。它从没有因为恶劣的天气或经济危机或战争的原因停止过。从 1992 年开始，俱乐部规定只有取得冠军的犬才有资格参加西敏寺的比赛。全美最优秀犬只的最终目标就是获得西敏寺的冠军，这也是众多国外顶尖犬只的终极目标。

每一年的比赛只有 2 天，但需要投入大量的前期工作。首先要挑选出 B.O.B（最佳犬种奖），来代表这个犬种参加比赛。B.O.B 的角逐亦是非常激烈的，能代表这一犬种参加西敏寺的比赛已经是莫大的荣誉。犬赛管理委员会要找大约 40 名职业裁判才能确保工作的顺利进行。获得全场总冠军的犬需要通过 3 个裁判：决定 B.O.B（最佳犬种奖）裁判，决定 B.I.G（最佳组别奖）的裁判，决定 B.I.S（全场总冠军）的裁判。

(三) 中国工作犬管理协会犬展

1. 参赛犬资格

(1) 参赛必须植有中国工作犬管理协会犬籍芯片。

(2) 参赛犬必须满 6 月龄；病犬、发情母犬、怀孕母犬禁止参赛；有攻击行为的犬不得参赛；报名时参赛者必须持有参赛犬免疫证明。

2. 犬种展评分组标准

(1) 体高分组：所谓体高分组，是指将参展犬按该品种体高标准编入相应的大、中、小三个组别之一进行展评。如萨摩耶犬的体高标准为 49 厘米（该品种母犬体高标准的最低限），因此，根据体高分组标准编入中型犬组。

体高分组标准：

大型犬组：体高 55 厘米以上的犬种。

中型犬组：体高 35.1 ~ 54.9 厘米的犬种。

小型犬组：体高 35 厘米以下的犬种。

该标准主要适用于全犬种展评。

(2) 年龄分组：

幼年犬组：满 6 未满 12 月龄。

青年犬组：满 12 月未满 24 月龄。

成年犬组：满 24 月龄以上。

此标准主要适用于单犬种展评，以及全犬种展评中参展犬达到规定数量的某一品种组。

（3）性别分组：按照参展犬的性别分为公犬组和母犬组分别进行展评。此标准主要适用于单犬种展评，以及全犬种展评中参展犬达到规定数量的某一品种组。

3. 全犬种展评办法

全犬种展评是指符合中国工作犬管理协会公布的所有品种标准（174 个品种）的犬参加不同品种犬同场展评的活动。参展犬从本品种组起，由低至高，经过本品种内之间展评、不同品种优胜犬之间的展评及不同组别优胜犬之间的数轮评比选拔，直至最终产生最高奖项——全场冠、亚、季军。

（1）全犬种展评流程：

品种展评→组别展评→全场总展评。

（2）展评办法：

①品种组展评：品种组展评是指同一品种参展犬之间进行的展评。

当参赛犬数在 15 头以下时，不分年龄和性别参加展评，本品种组第一名进入下一轮组别展评；当参赛犬数在 16 至 30 头时，不分年龄，分为公犬组和母犬组进行展评。两个性别犬组第一名再经过评比，产生本品种组第一名。本品种组第一名进入下一轮组别展评；当参赛犬数在 31 至 45 头时，按性别和年龄分为以下 4 个组：

成年公犬组；

非成年公犬组（包含幼年犬和青年犬）；

成年母犬组；

非成年母犬组（包含幼年犬和青年犬）。

两个公犬组第一名之间，两个母犬组第一名之间分别评出该性别第一名，经过评比，产生本品种第一名。

本品种组第一名进入下一轮组别展评。

当参赛犬数在 46 头以上时，按性别和年龄分为以下 6 个组：

幼年公犬组；

青年公犬组；

成年公犬组；

幼年母犬组；

青年母犬组；

成年母犬组。

各组内进行展评排定名次；各公犬组第一名之间、各母犬组第一名之间经过展评，产生本品种第一名公犬和第一名母犬，两者之间再进行展评，产生本品种第一名。

本品种组第一名进入下一轮组别展评。

注：根据报名情况，当某一品种参赛犬数达到 46 头以上时，组委会可变更为该犬种单独展。

②组别展评（大/中/小型犬组）：组别展评是指不同品种的优胜犬，进入到下一阶段相应的组别后之间进行的展评。各品种犬组第一名晋级后，进入大、中、小型犬组中相应的组别参加展评，产生第一名进入全场总展评。

③全场总展评：全场总展评是大、中、小三个组别的第一名晋级后进行的最终展评，评出全场冠、亚、季军。

4. 单犬种展评办法

单犬种展评（单独展）是指某单一品种的犬参加的展评活动。参展犬从本性别年龄组起，由低至高经过评比选拔，直至最终产生最高奖项——最佳公（母）犬奖。

（1）单犬种展评流程：

本性别年龄犬组展评→本性别组展评→本品种最佳公（母）犬。

（2）展评办法：

①单犬种展评按性别和年龄分为以下 6 个组：

幼年公犬组；

青年公犬组；

成年公犬组；

幼年母犬组；

青年母犬组；

成年母犬组；

②本性别年龄犬组展评：本性别年龄犬组展评是指同一性别同一年龄阶段参展犬之间进行的展评。各组内进行展评排定名次，第一名进入下一轮本

性别犬组展评。

③本性别犬组展评（最佳公犬、最佳母犬）：本性别犬组是同性别内三个年龄组的优胜犬，进入到下一阶段角逐最高奖项的展评。三个公犬组第一名之间经过展评，产生本性别犬组第一名，即最高奖项：单犬种展评最佳公犬奖。三个母犬组第一名之间经过展评，产生本性别犬组第一名，即最高奖项：单犬种展评最佳母犬奖。

4. 参赛流程

（1）报名：应根据相关通知，在规定报名截止期前前往报名处办理报名手续。

（2）由组委会确认参赛犬身份并进行相关检查。

（3）根据通知，佩戴参赛号牌，携参赛犬进入候赛区等待参赛项目的开始。

（4）跟随引导员进入赛场参加比赛。在全犬种或单犬种展评中，如未能进入下一轮，即可离场结束比赛，训练比赛则应等待全部参赛犬结束后，经统计成绩方可确定自己是否取得名次。根据裁判员指示，进入全犬种或单犬种下一轮比赛的犬，应按要求在指定地点等待比赛通知。

（5）取得名次的获奖者，根据通知在颁奖台或场内接受颁奖。

（6）领取奖品后，应持获奖证书至证书打印处，经工作人员核对后进行二次打印，将获奖信息打印补充，形成完整的获奖证书。

四、如何训练展犬姿势

对名犬的展示评比，除要观察犬的外貌是否美观外，站立姿势的好坏，也是犬的外在气质的体现，因此也就成了能否取得优胜的关键。所以，如果你的爱犬今后准备参加比赛，就一定要在平时训练好你的爱犬。

（一）训练方法

（1）首先令犬坐于随行位置上，主人右手抓住牵引带。

（2）主人右脚向前跨出一步，转身，面对着犬体右侧。同时，将左手放在犬后腹部，鼓励犬站起来。主人在犬身子下面、后肢的前面平行滑动左脚也会鼓励犬站起来，同时右手将犬头部抬起来，并使犬感到舒适，犬全身体重平均分配于四肢。如果犬站起来，主人右手轻轻向前拉动脖圈。

（3）犬站起来后，主人将左手从犬后腹部移开，轻轻向后拉犬的尾巴。托着前胸的手向后推，让犬感觉后退后脚就会失去支撑，只能尽量把身体向前倾，自然呈现出一种四肢挺直、昂首挺胸的姿势来。在拉犬的尾巴时，注意不能只拉尾毛，以免引起犬疼痛而拒训。

（4）当犬能够站立不动（可能花费几周时间甚至更长时间），下"定"口令，令其延缓，然后径直向犬前方走，就像令犬坐延缓和卧延缓那样。如果主人站在犬前面时，犬要坐下，主人左脚向前迈一步，将手放在犬后腹部令犬站立。只要犬重新摆出优美的姿势，主人就要收回左脚，重新站在犬前面，然后奖励犬。

（5）主人能够令犬延缓达 30 秒时，以与坐延缓和卧延缓相同的方式主人回到所需位置（主人绕犬一圈）。当主人回到随行位置后，犬试图要坐下，主人将左手放在犬后腹部，使犬重新摆出优美的姿势站立。

许多训小犬的主人可能发现，使用另一种方法更为简单。这种方法是每次犬试图坐下时，主人将左脚脚背放在犬腹部下面防止犬坐下，或者是按上述方法在桌子上面进行。对拒绝主人接触后腹部的犬或对小犬来说，主人可将牵引带末端挽成一个环，套在犬腰窝下面，另一端和脖圈连在一起，如果犬试图坐下，主人可向上提拉牵引带。犬摆出优美的姿势后，注意不要让犬向前走。阻止犬向前走可以通过在犬下巴处的手向上提举犬头部或用右手放在犬胸膛上，不允许犬向前走来完成。

（6）当犬摆姿势训练后，不要令犬坐，因为这会令犬疑惑。当主人回到犬身边时，犬可能被引诱坐，犬可能认为主人下一步令犬坐。

（7）对执意向前走步和由于体型太大而不容易控制的犬来说，为了阻止向前走步，可以令犬朝着墙壁站立或令犬站在楼梯上，如果犬向前走步，就要摔到楼下去。对烦躁不安的犬来说，可将犬前爪放在台阶上，并将犬前爪提高 10 ~ 20 厘米。

（二）重点提示

（1）当训练犬摆姿势时，尽可能轻柔地接触犬。如果主人粗暴对待犬，犬可能会弓背站立，就像一匹骆驼。牵引带只有在最初训练时鼓励犬站立是有用的。当犬摆出优美的姿势后，将牵引带解下，主人要缓慢轻柔地进行训练，可能会取得良好效果。

（2）如果犬试图向前走步，主人右手轻轻地抓住犬口笼，使犬鼻子朝向天，鼻子朝向天的犬是不可能向前走步的，这也能鼓励犬抬起头来站立。

（3）摆出优美姿势的训练最好从5~6个月龄的幼犬开始，只要重复多次训练，犬就会形成条件反射，以后参加比赛时，只要托起犬胸和拉起犬尾，犬就自然摆出标准的优美姿势了。

参考文献

［1］美国养犬俱乐部．世界名犬大全（第19版）［M］．沈阳：辽宁科学技术出版社，2003.

［2］Garoline Davis著．汪培山译．选只狗来养［M］．天津：天津科学技术出版社，2005.

［3］Lancer．萨摩耶犬TYPE的"派系"之争［J］．宠物世界（秀迷），2007，（11）：88～91.

［4］杜晓鹏，郭谦．萨摩耶犬［J］．中国工作犬业，2007，（11）：37～38.

［5］林莉，孙鸥，祈凤娟等．萨摩耶犬［M］．北京：中国农业出版社，2006.

［6］Eel，小白．情迷北极圈－萨摩耶犬［J］．宠物世界（狗迷），2007，（11）：38～47.

［7］伊宁．萨摩耶犬标准［J］．宠物派，2006，（7）：10～11.

［8］唐芳索．你也可以当宠物犬家庭医生［M］．福州：福建科学技术出版社，2008.

［9］甘孟侯．犬猫病防治手册［M］．成都：四川科学技术出版社，2004.

［10］叶俊华．犬繁育技术大全［M］．沈阳：辽宁科学技术出版社，2005.

［11］北京罗福公司信息部．世界名犬鉴赏与饲养［M］．北京：科学技术文献出版社，1994.

［12］王锦锋．牵犬师在赛场上的注意事项［J］．中国工作犬业，2009，（4）：55～56.

［13］邹尧坤．犬孕产保健与疾病防治［M］．北京：中国农业出版社，2002.

［14］高敏．浅谈专用犬粮的选择［J］．养犬，2009，（2）：34～35.

［15］［英］约翰·波尔，卡罗琳波尔著，张紧跟译．爱犬——个性化、人性化养犬方案［M］．上海：上海科学普及出版社，2005.

［16］［日］内藤朗著，王夕刚等译．爱犬的驯养［M］．济南：山东科学技术出版社，2002.